연산 문장제 핵심 공략
사고력·서술형 완벽 대비

최고효과 기초탄탄 계산법

문장제편 ③

· 자연수의 곱셈과 나눗셈 ①, ②

기탄출판

연산 문장제 문제는 '식 세우기'가 핵심입니다.
문제를 읽고 이해하여 식을 잘 세우면 문제는 다 해결된 것과 같습니다.

간단한 일 같지만 문장으로 된 연산 문제를 읽고 식을 세우는 것이 의외로 지금의 아이들에게
쉽지 않은 이유는,
요즘 아이들이 문자로 이루어진 책을 보는 것보다 이미지, 또는 tv나 스마트폰을 통한 영상을
보는 것을 훨씬 좋아하기 때문입니다. 이미지나 영상이 직관적으로 더 쉽게 이해되고, 깊이
사고하지 않아도 전달 능력이 뛰어나기 때문이지요.

영상 매체는 그 자체로 매력 있고, 전달력이 뛰어난 좋은 컨텐츠임이 분명하지만,
여전히 아이들의 의사 표현과 학습 방법 등은 언어나 문자가 대부분입니다.
언어나 문자는 듣고, 읽고, 스스로 이해해야 소통을 할 수 있습니다.

기탄교육이 정성들여 개발한 <최고효과계산법–문장제편>을 통해 아이들의 읽고,
이해하는 능력이 향상됨과 동시에 수학적 사고력이 성장하는 즐거움을 함께 누릴 수
있기를 바랍니다.

이 책의 **특징과 구성**

본학습

Tip을 통해 문장제 문제를 해결할 수 있는 키워드를 발견할 수 있습니다.

그날그날 학습한 날짜, 학습하는 데 걸린 시간, 오답 수를 기록하여 학습 결과(9쪽 참조)를 확인할 수 있습니다.

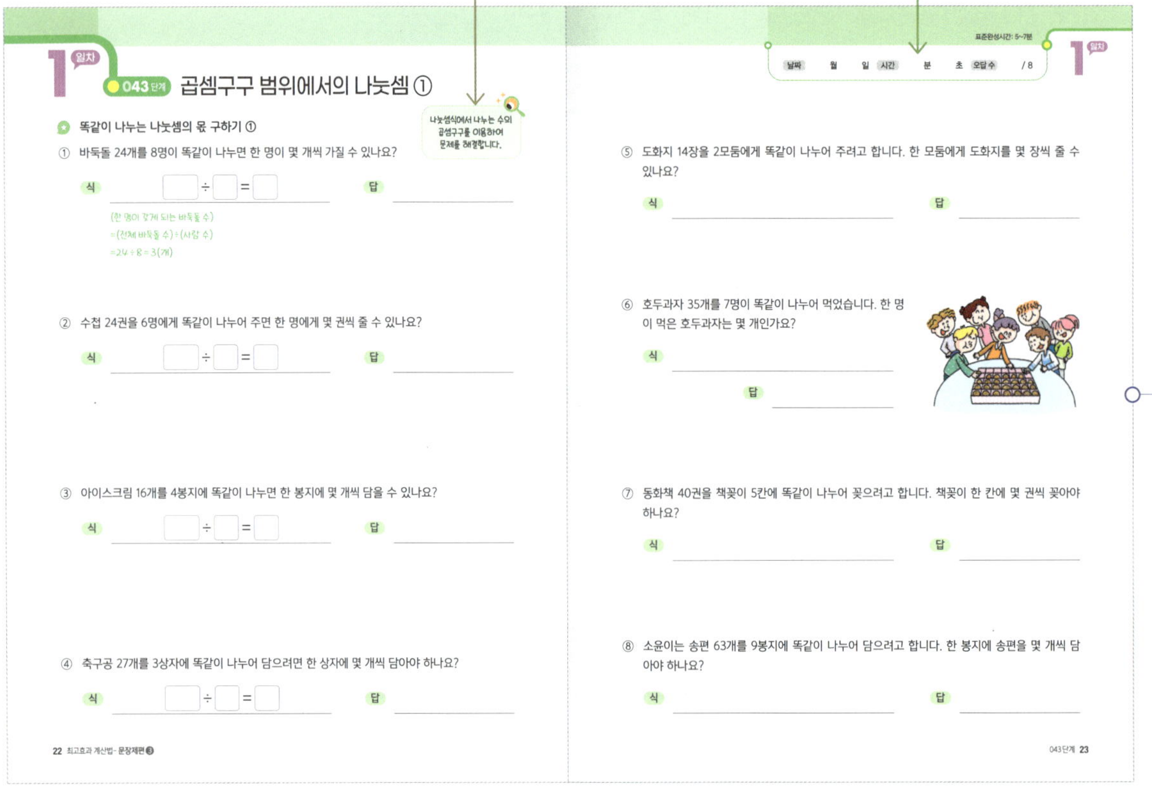
1일차

043단계 곱셈구구 범위에서의 나눗셈 ①

나눗셈식에서 나누는 수의 곱셈구구를 이용하여 문제를 해결합니다.

똑같이 나누는 나눗셈의 몫 구하기 ①

① 바둑돌 24개를 8명이 똑같이 나누면 한 명이 몇 개씩 가질 수 있나요?

식 □ ÷ □ = □ 답

(한 명이 갖게 되는 바둑돌 수)
=(전체 바둑돌 수)÷(사람 수)
=24÷8=3(개)

② 수첩 24권을 6명에게 똑같이 나누어 주면 한 명에게 몇 권씩 줄 수 있나요?

식 □ ÷ □ = □ 답

③ 아이스크림 16개를 4봉지에 똑같이 나누면 한 봉지에 몇 개씩 담을 수 있나요?

식 □ ÷ □ = □ 답

④ 축구공 27개를 3상자에 똑같이 나누어 담으려면 한 상자에 몇 개씩 담아야 하나요?

식 □ ÷ □ = □ 답

22 최고효과 계산법 - 문장제편 ❸

표준완성시간: 5~7분

날짜 월 일 시간 분 초 오답 수 / 8

1일차

⑤ 도화지 14장을 2모둠에게 똑같이 나누어 주려고 합니다. 한 모둠에게 도화지를 몇 장씩 줄 수 있나요?

식 답

⑥ 호두과자 35개를 7명이 똑같이 나누어 먹었습니다. 한 명이 먹은 호두과자는 몇 개인가요?

식 답

⑦ 동화책 40권을 책꽂이 5칸에 똑같이 나누어 꽂으려고 합니다. 책꽂이 한 칸에 몇 권씩 꽂아야 하나요?

식 답

⑧ 소윤이는 송편 63개를 9봉지에 똑같이 나누어 담으려고 합니다. 한 봉지에 송편을 몇 개씩 담아야 하나요?

식 답

043단계 23

'최고효과계산법'에서 다루는 **연산 커리큘럼과 동일한 커리큘럼**으로 **문장제 문제들을 구성**하였습니다.

곱셈의 경우는 몇씩 몇 묶음(묶음 단위로 구성된 사물의 수 구하기), 몇의 몇 배 중심으로 나눗셈의 경우는 등분제(똑같이 나눌 때 한 묶음 안의 수 구하기), 포함제(똑같이 묶어 덜어 낼 때 묶음 수 구하기) 중심으로 문장 연습을 할 수 있게 구성하였습니다.

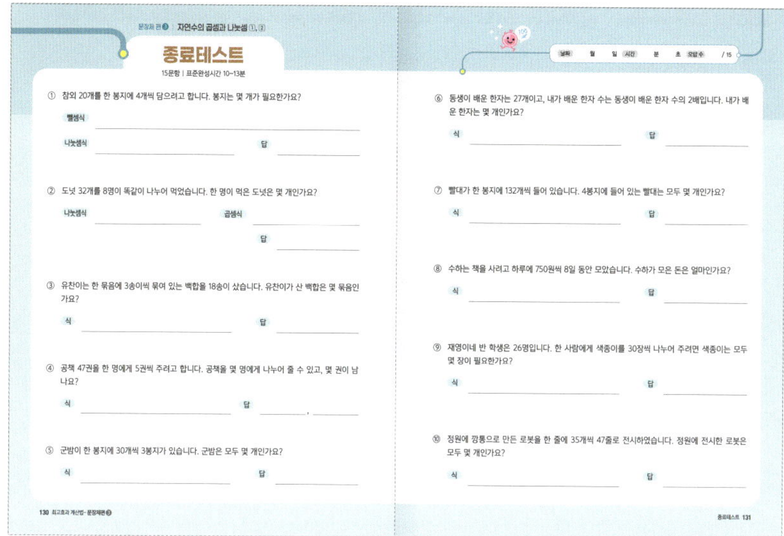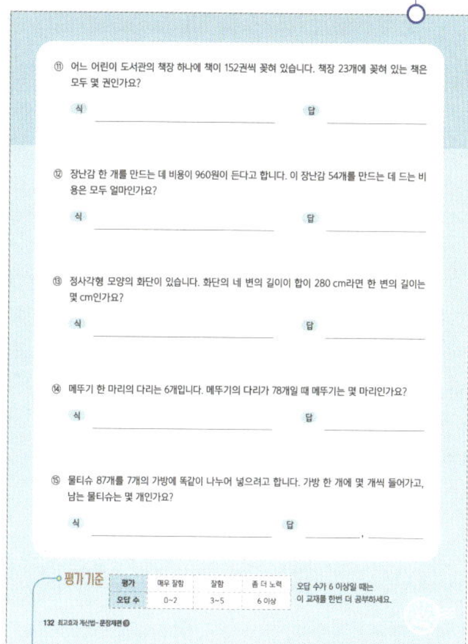

각 권이 끝날 때마다 종료테스트를 통해 학습한 것을 다시 한번 확인할 수 있습니다.

종료테스트의 정답을 확인하고, 평가기준을 통해 자신의 성취 수준을 판단할 수 있습니다.

단계별로 정답을 확인한 후 지도 포인트를 확인합니다.

이번 학습을 통해 어떤 부분의 문제해결력을 길렀는지, 또한 틀린 문제를 점검할 때 어떤 부분에 중점을 두고 확인해야 할지 알 수 있습니다.

최고효과계산법 **전체** 학습 내용

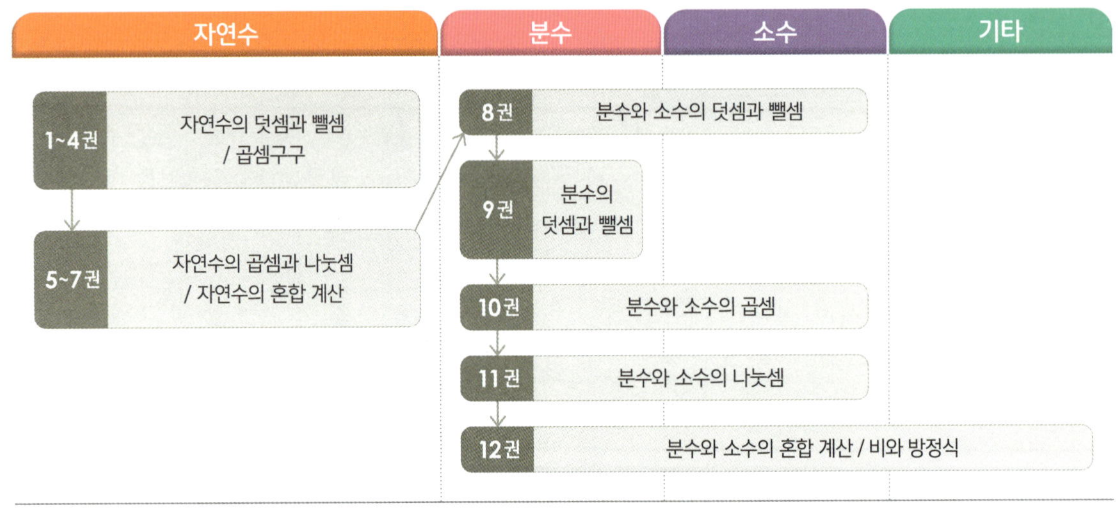

최고효과계산법 **권별** 학습 내용

	1권 자연수의 덧셈과 뺄셈 ①	2권 자연수의 덧셈과 뺄셈 ②	문장제편 ❶
권장 학년 초1	001단계 9까지의 수 모으기와 가르기	011단계 세 수의 덧셈, 뺄셈	
	002단계 합이 9까지인 덧셈	012단계 받아올림이 있는 (몇)+(몇)	
	003단계 차가 9까지인 뺄셈	013단계 받아내림이 있는 (십 몇)-(몇)	
	004단계 덧셈과 뺄셈의 관계 ①	014단계 받아올림·받아내림이 있는 덧셈, 뺄셈 종합	
	005단계 세 수의 덧셈과 뺄셈 ①	015단계 (두 자리 수)+(한 자리 수)	+ 001단계~020단계 문장제편
	006단계 (몇십)+(몇)	016단계 (몇십)-(몇)	
	007단계 (몇십 몇)±(몇)	017단계 (두 자리 수)-(한 자리 수)	
	008단계 (몇십)±(몇십), (몇십 몇)±(몇십 몇)	018단계 (두 자리 수)±(한 자리 수) ①	
	009단계 10의 모으기와 가르기	019단계 (두 자리 수)±(한 자리 수) ②	
	010단계 10의 덧셈과 뺄셈	020단계 세 수의 덧셈과 뺄셈 ②	
	3권 자연수의 덧셈과 뺄셈 ③ / 곱셈구구	**4권 자연수의 덧셈과 뺄셈 ④**	**문장제편 ❷**
권장 학년 초2	021단계 (두 자리 수)+(두 자리 수) ①	031단계 (세 자리 수)+(세 자리 수) ①	
	022단계 (두 자리 수)+(두 자리 수) ②	032단계 (세 자리 수)+(세 자리 수) ②	
	023단계 (두 자리 수)-(두 자리 수)	033단계 (세 자리 수)-(세 자리 수) ①	
	024단계 (두 자리 수)±(두 자리 수)	034단계 (세 자리 수)-(세 자리 수) ②	
	025단계 덧셈과 뺄셈의 관계 ②	035단계 (세 자리 수)±(세 자리 수)	+ 021단계~040단계 문장제편
	026단계 같은 수를 여러 번 더하기	036단계 세 자리 수의 덧셈, 뺄셈 종합	
	027단계 2, 5, 3, 4의 단 곱셈구구	037단계 세 수의 덧셈과 뺄셈 ③	
	028단계 6, 7, 8, 9의 단 곱셈구구	038단계 (네 자리 수)+(세 자리 수·네 자리 수)	
	029단계 곱셈구구 종합 ①	039단계 (네 자리 수)-(세 자리 수·네 자리 수)	
	030단계 곱셈구구 종합 ②	040단계 네 자리 수의 덧셈, 뺄셈 종합	

차례

학습 결과는 다음 평가 기준을 참조하세요.

평가	매우 잘함	잘함	좀 더 노력
오답 수	0~1	2~3	4 이상

오답 수가 4 이상일 때는
틀린 부분을 한번 더 공부하세요.

같은 수를 여러 번 빼기 ①

★ 똑같이 나눌 때 한 묶음 안의 수 구하기

① 8을 2묶음으로 똑같이 나누면 한 묶음에 몇인가요?

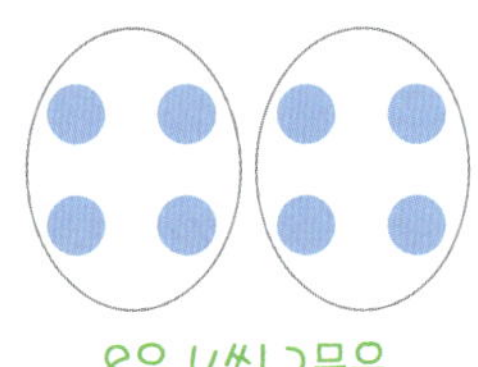

식 $8 \div 2 = 4$

답   4

② 10을 2묶음으로 똑같이 나누면 한 묶음에 몇인가요?

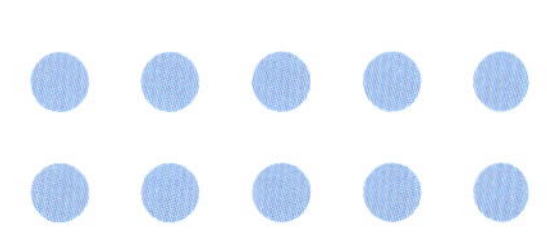

식 $\boxed{} \div \boxed{} = \boxed{}$

답

③ 12를 4묶음으로 똑같이 나누면 한 묶음에 몇인가요?

식 $\boxed{} \div \boxed{} = \boxed{}$

답

④ 15를 3묶음으로 똑같이 나누면 한 묶음에 몇인가요?

식 $\boxed{} \div \boxed{} = \boxed{}$

답

⑤　사탕 6개를 3명이 똑같이 나누어 먹으려고 합니다. 한 명이 사탕을 몇 개씩 먹을 수 있나요?

6은 2씩 3묶음

식　　6 ÷ 3 = 2

답　　2개

⑥　달걀 20개를 바구니 4개에 똑같이 나누어 담으려고 합니다. 바구니 한 개에 달걀을 몇 개씩 담아야 하나요?

식　　□ ÷ □ = □

답

⑦　지우개 18개를 6명이 똑같이 나누어 가지려고 합니다. 한 명이 지우개를 몇 개씩 가질 수 있나요?

식　　□ ÷ □ = □

답

⑧　강낭콩 14개를 화분 7개에 똑같이 나누어 심으려고 합니다. 화분 한 개에 강낭콩을 몇 개씩 심어야 하나요?

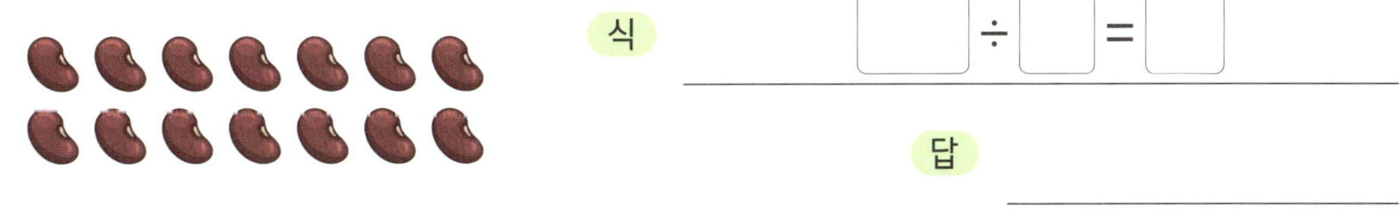

식　　□ ÷ □ = □

답

041 단계 같은 수를 여러 번 빼기 ①

★ 똑같이 묶어 덜어 낼 때 묶음 수 구하기

① 6에서 2를 몇 번 빼면 0이 되나요?

		1번	2번	3번	

뺄셈식 $6 - 2 - 2 - 2 = 0$

나눗셈식 $6 \div 2 = 3$ 답   3번

빼는 수   빼는 횟수

② 12에서 3을 몇 번 빼면 0이 되나요?

뺄셈식 $\square - \square - \square - \square - \square = \square$

나눗셈식 $\square \div \square = \square$ 답

③ 30에서 6을 몇 번 빼면 0이 되나요?

뺄셈식 $\square - \square - \square - \square - \square - \square = \square$

나눗셈식 $\square \div \square = \square$ 답

④ 24에서 4를 몇 번 빼면 0이 되나요?

뺄셈식 $\square - \square - \square - \square - \square - \square - \square = \square$

나눗셈식 $\square \div \square = \square$ 답

⑤ 복숭아 28개를 한 봉지에 7개씩 담으려고 합니다. 봉지는 몇 개 필요한가요?

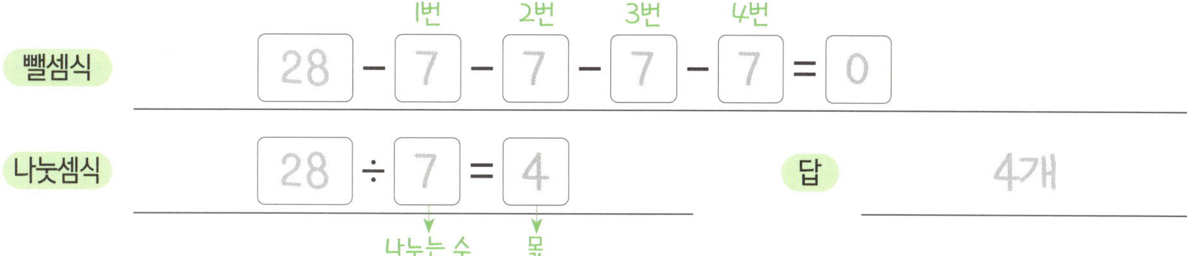

⑥ 연필 27자루를 한 명에게 9자루씩 주려고 합니다. 몇 명에게 나누어 줄 수 있나요?

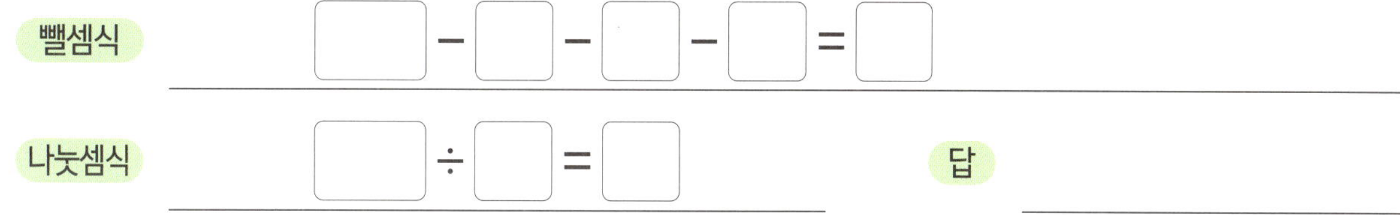

⑦ 학생 25명을 한 모둠에 5명씩 만들려고 합니다. 몇 모둠이 만들어지나요?

뺄셈식   □ - □ - □ - □ - □ - □ = □

나눗셈식   □ ÷ □ = □   답

⑧ 48쪽짜리 책을 하루에 8쪽씩 매일 읽으려고 합니다. 이 책을 다 읽는데 며칠이 걸리나요?

뺄셈식   □ - □ - □ - □ - □ - □ = □

나눗셈식   □ ÷ □ = □   답

같은 수를 여러 번 빼기 ①

⭐ 똑같이 나누기

① 풍선 21개를 7명에게 똑같이 나누어 주려고 합니다. 한 명에게 풍선을 몇 개씩 줄 수 있나요?

식 $21 \div 7 = 3$

답 3개

② 물고기 18마리를 어항 3개에 똑같이 나누어 넣으려고 합니다. 어항 한 개에 물고기를 몇 마리씩 넣어야 하나요?

식 _______________

답 _______________

③ 팽이 24개를 6명이 똑같이 나누어 가지려고 합니다. 한 명이 팽이를 몇 개씩 가질 수 있나요?

식 _______________

답 _______________

④ 쌓기나무 32개를 교구 주머니 4개에 똑같이 나누어 담으려고 합니다. 교구 주머니 한 개에 쌓기나무를 몇 개씩 담아야 하나요?

식 _______________

답 _______________

⑤ 딱풀 14개를 한 명에게 2개씩 주려고 합니다. 몇 명에게 나누어 줄 수 있나요?

뺄셈식 $14 - 2 - 2 - 2 - 2 - 2 - 2 - 2 = 0$

나눗셈식 $14 \div 2 = 7$ **답**   7명

⑥ 유리병 40개를 한 상자에 8개씩 담으려고 합니다. 몇 상자가 필요한가요?

뺄셈식

나눗셈식   **답**

⑦ 수학 문제 30문제를 한 명당 5문제씩 풀려고 합니다. 몇 명이 풀게 되나요?

뺄셈식

나눗셈식   **답**

⑧ 쿠키 36개를 한 접시에 9개씩 나누어 담으려고 합니다. 몇 접시에 담을 수 있나요?

뺄셈식

나눗셈식   **답**

042 단계 곱셈과 나눗셈의 관계

★ 곱셈과 나눗셈의 관계

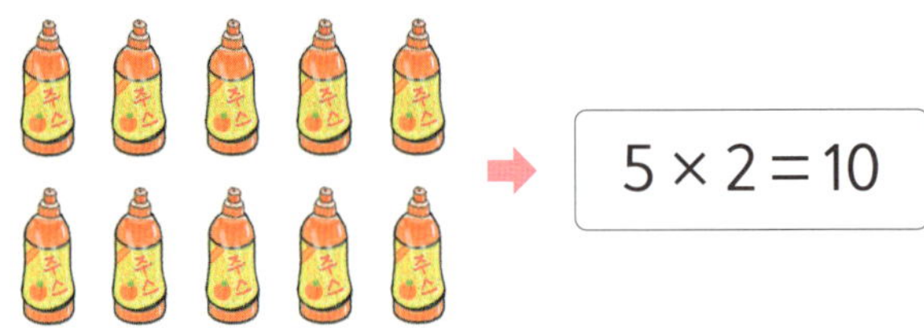

① 주스 10개를 5명이 똑같이 나누면 한 명이 몇 개씩 먹을 수 있나요?

식   10 ÷ 5 ＝ 2   답   2개

② 주스 10개를 한 명에게 2개씩 주면 몇 명에게 나누어 줄 수 있나요?

식   10 ÷ 2 ＝ 5   답   5명

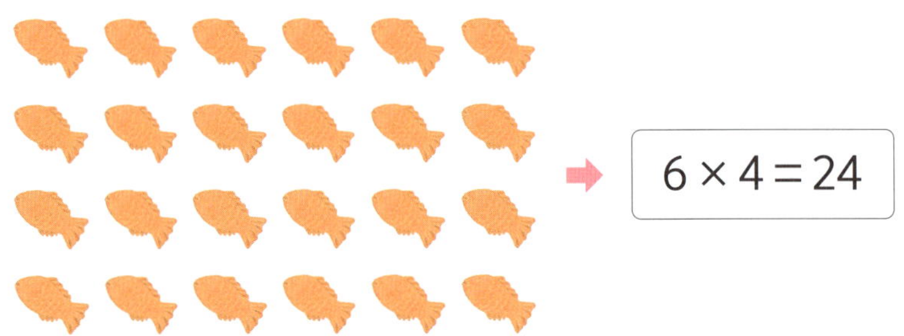

③ 붕어빵 24개를 4봉지에 똑같이 나누어 담으면 한 봉지에 몇 개씩 담을 수 있나요?

식   24 ÷ □ ＝ □   답

④ 붕어빵 24개를 한 봉지에 6개씩 담으면 몇 봉지에 나누어 담을 수 있나요?

식   24 ÷ □ ＝ □   답

⑤ 곰 인형 12개를 4명이 똑같이 나누면 한 명이 몇 개씩 가질 수 있나요?

식 ______________________   답 ______________________

⑥ 곰 인형 12개를 한 명에게 3개씩 주면 몇 명에게 나누어 줄 수 있나요?

식 ______________________   답 ______________________

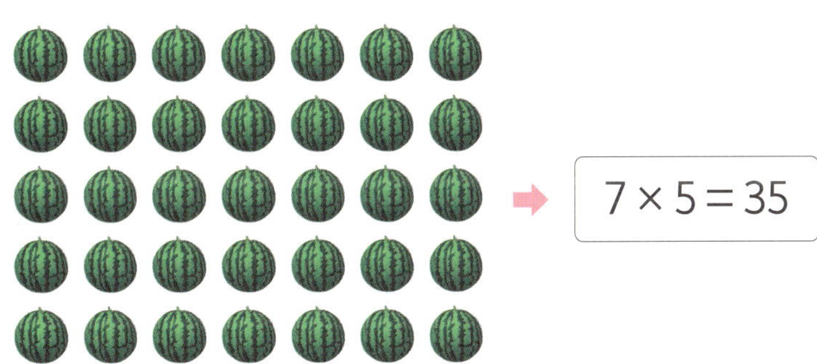

⑦ 수박 35통을 5상자에 똑같이 나누어 담으면 한 상자에 몇 통씩 담을 수 있나요?

식 ______________________   답 ______________________

⑧ 수박 35통을 한 상자에 7통씩 담으면 몇 상자에 나누어 담을 수 있나요?

식 ______________________   답 ______________________

● 042 단계 곱셈과 나눗셈의 관계

★ 나눗셈의 몫을 곱셈식으로 구하기 ①

① 색연필 35자루를 5명에게 똑같이 나누어 주면 한 명에게 몇 자루씩 줄 수 있나요?

나눗셈식 $35 \div 5 = 7$ 곱셈식 $5 \times 7 = 35$

답   7자루

② 꽃 40송이를 꽃병 8개에 똑같이 나누면 꽃병 한 개에 몇 송이씩 꽂을 수 있나요?

나눗셈식 $\boxed{} \div \boxed{} = \boxed{}$ 곱셈식 $\boxed{} \times \boxed{} = \boxed{}$

답

③ 귤 28개를 4명이 똑같이 나누면 한 명이 몇 개씩 먹을 수 있나요?

나눗셈식 $\boxed{} \div \boxed{} = \boxed{}$ 곱셈식 $\boxed{} \times \boxed{} = \boxed{}$

답

④ 야구공 42개를 7상자에 똑같이 나누면 한 상자에 몇 개씩 담을 수 있나요?

나눗셈식 $\boxed{} \div \boxed{} = \boxed{}$ 곱셈식 $\boxed{} \times \boxed{} = \boxed{}$

답

⑤ 나무 18그루를 2줄에 똑같이 나누어 심으려고 합니다. 한 줄에 나무를 몇 그루씩 심어야 하나요?

나눗셈식　　　$18 \div 2 = 9$　　　곱셈식　　　$2 \times 9 = 18$

답　　　9그루

⑥ 땅콩 30개를 6명에게 똑같이 나누어 주려고 합니다. 한 명에게 땅콩을 몇 개씩 줄 수 있나요?

나눗셈식　　　　　　　곱셈식

답

⑦ 옥수수 24개를 바구니 3개에 똑같이 나누어 담으려고 합니다. 한 바구니에 옥수수를 몇 개씩 담아야 하나요?

나눗셈식　　　　　　　곱셈식

답

⑧ 고리 던지기를 하려고 고리 27개를 9명이 똑같이 나누어 가졌습니다. 한 명이 가진 고리는 몇 개인가요?

나눗셈식　　　　　　　곱셈식

답

3 일차

042 단계 곱셈과 나눗셈의 관계

★ 나눗셈의 몫을 곱셈식으로 구하기 ②

① 딸기 42개를 한 명에게 6개씩 주면 몇 명에게 나누어 줄 수 있나요?

나눗셈식 $42 \div 6 = 7$ 곱셈식 $6 \times 7 = 42$

답 7명

② 공책 25권을 한 모둠에게 5권씩 주면 몇 모둠에게 나누어 줄 수 있나요?

나눗셈식 $\boxed{} \div \boxed{} = \boxed{}$ 곱셈식 $\boxed{} \times \boxed{} = \boxed{}$

답

③ 과자 48개를 한 봉지에 8개씩 담으려면 몇 봉지가 필요한가요?

나눗셈식 $\boxed{} \div \boxed{} = \boxed{}$ 곱셈식 $\boxed{} \times \boxed{} = \boxed{}$

답

④ 씨앗 16개를 화분 한 개에 2개씩 심으면 화분 몇 개에 심을 수 있나요?

나눗셈식 $\boxed{} \div \boxed{} = \boxed{}$ 곱셈식 $\boxed{} \times \boxed{} = \boxed{}$

답

⑤ 사과 32개가 한 줄에 4개씩 놓여 있습니다. 사과는 몇 줄 놓여 있나요?

나눗셈식 $32 \div 4 = 8$ 곱셈식 $4 \times 8 = 32$

답   8줄

⑥ 동물 스티커 45개를 한 명에게 9개씩 주려고 합니다. 동물 스티커를 몇 명에게 나누어 줄 수 있나요?

나눗셈식   곱셈식

답

⑦ 샌드위치 21개를 접시 한 개에 3개씩 담으려고 합니다. 필요한 접시는 몇 개인가요?

나눗셈식   곱셈식

답

⑧ 우산 49개를 우산꽂이 한 개에 7개씩 꽂으려고 합니다. 필요한 우산꽂이는 몇 개인가요?

나눗셈식   곱셈식

답

043 단계 · 곱셈구구 범위에서의 나눗셈 ①

> 나눗셈식에서 나누는 수의 곱셈구구를 이용하여 문제를 해결합니다.

★ 똑같이 나누는 나눗셈의 몫 구하기 ①

① 바둑돌 24개를 8명이 똑같이 나누면 한 명이 몇 개씩 가질 수 있나요?

식 　[ ] ÷ [ ] = [ ]　　　답 ＿＿＿＿＿＿＿

(한 명이 갖게 되는 바둑돌 수)
=(전체 바둑돌 수)÷(사람 수)
=24÷8=3(개)

② 수첩 24권을 6명에게 똑같이 나누어 주면 한 명에게 몇 권씩 줄 수 있나요?

식 　[ ] ÷ [ ] = [ ]　　　답 ＿＿＿＿＿＿＿

③ 아이스크림 16개를 4봉지에 똑같이 나누면 한 봉지에 몇 개씩 담을 수 있나요?

식 　[ ] ÷ [ ] = [ ]　　　답 ＿＿＿＿＿＿＿

④ 축구공 27개를 3상자에 똑같이 나누어 담으려면 한 상자에 몇 개씩 담아야 하나요?

식 　[ ] ÷ [ ] = [ ]　　　답 ＿＿＿＿＿＿＿

⑤ 도화지 14장을 2모둠에게 똑같이 나누어 주려고 합니다. 한 모둠에게 도화지를 몇 장씩 줄 수 있나요?

 식

답

⑥ 호두과자 35개를 7명이 똑같이 나누어 먹었습니다. 한 명이 먹은 호두과자는 몇 개인가요?

식

답

⑦ 동화책 40권을 책꽂이 5칸에 똑같이 나누어 꽂으려고 합니다. 책꽂이 한 칸에 몇 권씩 꽂아야 하나요?

식

답

⑧ 소윤이는 송편 63개를 9봉지에 똑같이 나누어 담으려고 합니다. 한 봉지에 송편을 몇 개씩 담아야 하나요?

식

답

곱셈구구 범위에서의 나눗셈 ①

⭐ 똑같이 나누는 나눗셈의 몫 구하기 ②

① 빈 병 28개를 한 상자에 7개씩 담으면 몇 상자에 나누어 담을 수 있나요?

식 　　답 ________________

(상자 수)
= (전체 빈 병의 수) ÷ (한 상자에 담는 빈 병의 수)
= 28 ÷ 7 = 4 (상자)

② 감자 64개를 한 바구니에 8개씩 담으려면 바구니는 몇 개가 필요한가요?

식 　　답 ________________

③ 멜론 12개를 한 명에게 2개씩 주면 몇 명에게 나누어 줄 수 있나요?

식 □ ÷ □ = □　　답 ________________

④ 만두 30개를 한 접시에 5개씩 놓으려면 접시는 몇 개가 필요한가요?

식 　　답 ________________

⑤ 장난감 12개를 한 명에게 4개씩 주려고 합니다. 장난감을 몇 명에게 나누어 줄 수 있나요?

식 ______________________　　답 ______________________

⑥ 방울토마토 72개를 한 명이 9개씩 먹으려고 합니다. 방울토마토를 몇 명이 나누어 먹을 수 있나요?

식 ______________________　　답 ______________________

⑦ 색연필 18자루를 필통 한 개에 3자루씩 담으려고 합니다. 필통은 몇 개가 필요한가요?

식 ______________________

답 ______________________

⑧ 빵집에서 빵 36개를 만들어 한 상자에 6개씩 넣어 포장하려고 합니다. 상자는 몇 개가 필요한가요?

식 ______________________　　답 ______________________

곱셈구구 범위에서의 나눗셈 ①

★ **몇 배인지 나눗셈의 몫 구하기**

① 색종이는 48장 있고, 도화지는 6장 있습니다. 색종이의 수는 도화지의 수의 몇 배인가요?

식 $\boxed{} \div \boxed{} = \boxed{}$ 답 ______________

(색종이의 수는 도화지의 수의 몇 배)
=(색종이의 수)÷(도화지의 수)
=48÷6=8(배)

② 의자는 15개 있고, 책상은 3개 있습니다. 의자의 수는 책상의 수의 몇 배인가요?

식 $\boxed{} \div \boxed{} = \boxed{}$ 답 ______________

③ 만화책은 21권 있고, 동화책은 7권 있습니다. 만화책의 수는 동화책의 수의 몇 배인가요?

식 $\boxed{} \div \boxed{} = \boxed{}$ 답 ______________

④ 사자가 36마리 있고, 호랑이는 9마리 있습니다. 사자의 수는 호랑이의 수의 몇 배인가요?

식 $\boxed{} \div \boxed{} = \boxed{}$ 답 ______________

⑤ 우재는 초콜릿을 10개 먹었고, 준희는 2개 먹었습니다. 우재가 먹은 초콜릿의 수는 준희가 먹은 초콜릿의 수의 몇 배인가요?

식 ________________________　　　답 ________________________

⑥ 아빠의 나이는 45살이고, 내 동생의 나이는 5살입니다. 아빠의 나이는 내 동생의 나이의 몇 배인가요?

식 ________________________　　　답 ________________________

⑦ 버스에는 20명이 탈 수 있고, 승용차에는 4명이 탈 수 있습니다. 버스에 탈 수 있는 사람 수는 승용차에 탈 수 있는 사람 수의 몇 배인가요?

식 ________________________　　　답 ________________________

⑧ 엄마는 쿠키를 32개 만들었고, 나는 8개 만들었습니다. 엄마가 만든 쿠키의 수는 내가 만든 쿠키의 수의 몇 배인가요?

식 ________________________

답 ________________________

●044 단계 같은 수를 여러 번 빼기 ②

★ **나머지가 있는 나눗셈 ①－나머지**

① 7을 2씩 묶으면 몇이 남나요?

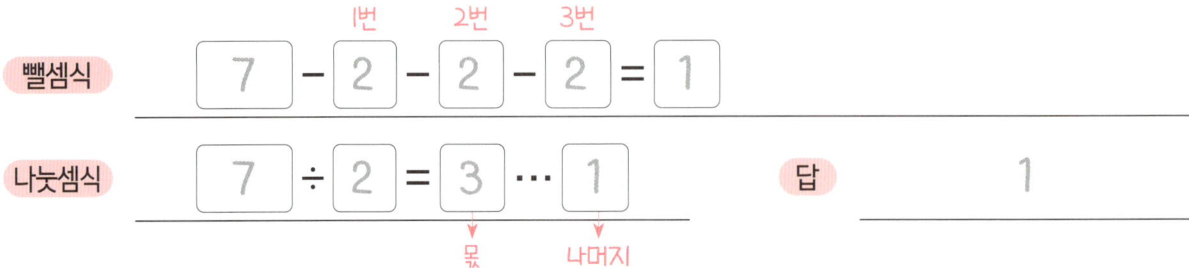

② 16을 7씩 묶으면 몇이 남나요?

뺄셈식   16 － ☐ － ☐ ＝ ☐

나눗셈식   16 ÷ 7 ＝ ☐ … ☐   답

③ 35를 8로 나누면 나머지는 몇인가요?

뺄셈식

나눗셈식   답

④ 21을 4로 나누면 나머지는 몇인가요?

뺄셈식

나눗셈식   답

⑤ 크림빵 17개를 한 봉지에 5개씩 담으면 몇 개가 남나요?

뺄셈식 $17 - 5 - 5 - 5 = 2$

나눗셈식 $17 ÷ 5 = 3 \cdots 2$ 답   2개

3봉지를 담을 수 있고, 2개가 남아요.

⑥ 색종이 19장을 한 명에게 9장씩 나누어 주면 몇 장이 남나요?

뺄셈식 $19 - \square - \square = \square$

나눗셈식 $19 ÷ 9 = \square \cdots \square$ 답

⑦ 풍선 14개를 한 명에게 3개씩 나누어 주면 몇 개가 남나요?

뺄셈식

나눗셈식   답

⑧ 키위 33개를 한 상자에 6개씩 담으면 몇 개가 남나요?

뺄셈식

나눗셈식   답

044 단계 같은 수를 여러 번 빼기 ②

★ 나머지가 있는 나눗셈 ②−몫

① 25를 6씩 몇 번 묶으면 1이 남나요?

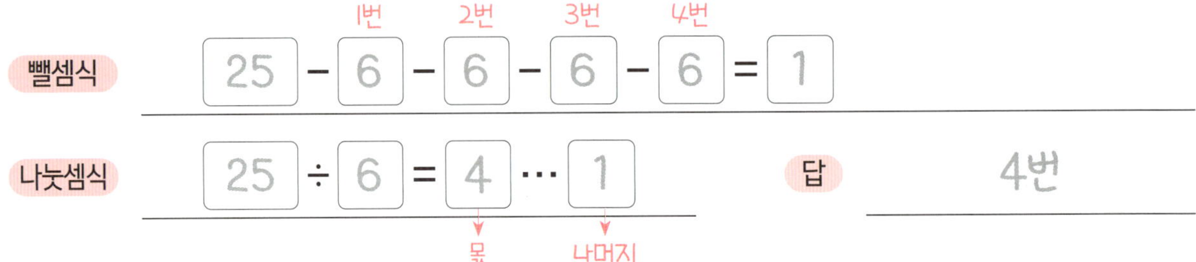

② 11을 3씩 몇 번 묶으면 2가 남나요?

빼셈식 11 − ☐ − ☐ − ☐ = ☐

나눗셈식 11 ÷ 3 = ☐ … ☐   답 ___________

③ 27을 4로 나누면 몫은 몇인가요?

빼셈식 ___________

나눗셈식 ___________   답 ___________

④ 42를 8로 나누면 몫은 몇인가요?

빼셈식 ___________

나눗셈식 ___________   답 ___________

⑤ 스티커 15개를 공책 한 쪽에 2개씩 붙이면 몇 쪽을 붙일 수 있나요?

뺄셈식 $15 - 2 - 2 - 2 - 2 - 2 - 2 - 2 = 1$

나눗셈식 $15 \div 2 = 7 \cdots 1$ **답**   7쪽

7쪽을 붙일 수 있고, 1개가 남아요.

⑥ 동화책 24권을 한 사람에게 7권씩 주면 몇 사람에게 나누어 줄 수 있나요?

뺄셈식 $24 - \square - \square - \square = \square$

나눗셈식 $24 \div 7 = \square \cdots \square$ **답**

⑦ 지우개 32개를 한 명에게 5개씩 주면 몇 명까지 나누어 줄 수 있나요?

뺄셈식

나눗셈식   **답**

⑧ 사과 37개를 한 봉지에 9개씩 담아 팔면 몇 봉지를 팔 수 있나요?

뺄셈식

나눗셈식   **답**

같은 수를 여러 번 빼기 ②

★ 나머지가 있는 나눗셈 ③-몫과 나머지

① 22를 5씩 묶으면 몇 묶음이 되고, 몇이 남나요?

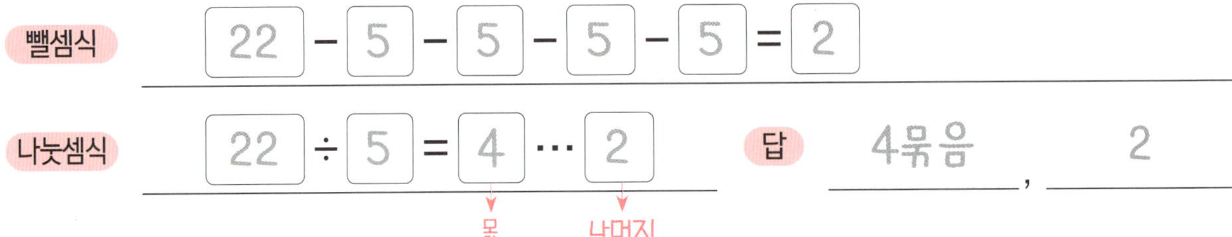

뺄셈식 $22 - 5 - 5 - 5 - 5 = 2$

나눗셈식 $22 \div 5 = 4 \cdots 2$　　　답　4묶음 , 2

② 13을 2씩 묶으면 몇 묶음이 되고, 몇이 남나요?

뺄셈식 $13 - \square - \square - \square - \square - \square - \square = \square$

나눗셈식 $13 \div 2 = \square \cdots \square$　　　답　　　　　,

③ 38을 7로 나누면 몫은 몇이고, 나머지는 몇인가요?

뺄셈식

나눗셈식　　　답　　　　　,

④ 29를 9로 나누면 몫은 몇이고, 나머지는 몇인가요?

뺄셈식

나눗셈식　　　답　　　　　,

⑤ 풍선 17개를 한 명에게 3개씩 주면 몇 명에게 나누어 줄 수 있고, 몇 개가 남나요?

뺄셈식 $17 - 3 - 3 - 3 - 3 - 3 = 2$

나눗셈식 $17 \div 3 = 5 \cdots 2$ **답**   5명 , 2개

⑥ 농구공 21개를 한 상자에 6개씩 담으면 몇 상자까지 담을 수 있고, 몇 개가 남나요?

뺄셈식 $21 - \boxed{} - \boxed{} - \boxed{} = \boxed{}$

나눗셈식 $21 \div 6 = \boxed{} \cdots \boxed{}$ **답**   _______ , _______

⑦ 버섯 49개를 한 팩에 8개씩 담으면 몇 팩까지 담을 수 있고, 몇 개가 남나요?

뺄셈식

나눗셈식   **답**   _______ , _______

⑧ 도넛 19개를 한 명당 4개씩 먹으면 몇 명이 먹을 수 있고, 몇 개가 남나요?

뺄셈식

나눗셈식   **답**   _______ , _______

045 단계 곱셈구구 범위에서의 나눗셈 ②

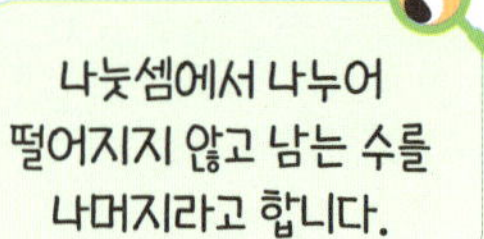

⭐ **나머지가 있는 나눗셈 ①-나머지**

① 감자 22개를 한 봉지에 4개씩 담으면 남는 감자는 몇 개인가요?

식 $22 \div 4 = 5 \cdots 2$ 답   2개

② 젤리 17개를 2명이 똑같이 나누어 먹으면 남는 젤리는 몇 개인가요?

식 $17 \div 2 = \square \cdots \square$ 답

③ 배구공 50개를 한 상자에 8개씩 넣으려고 합니다. 남는 배구공은 몇 개인가요?

식 $\square \div \square = \square \cdots \square$ 답

④ 씨앗 45개를 한 줄에 7개씩 심으려고 합니다. 남는 씨앗은 몇 개인가요?

식 $\square \div \square = \square \cdots \square$ 답

⑤ 튤립 25송이를 꽃병 한 개에 3송이씩 꽂았습니다. 꽃병에 꽂고 남은 튤립은 몇 송이인가요?

식

답

⑥ 학생 38명이 있습니다. 긴 의자 한 개에 5명씩 짝지어 앉을 수 있다면, 의자에 앉지 못하는 학생은 몇 명인가요?

식

답

⑦ 현우는 연필 49자루를 친구 9명에게 똑같이 나누어 주고, 남은 연필은 동생에게 주었습니다. 동생에게 준 연필은 몇 자루인가요?

식

답

⑧ 만두 57개를 한 상자에 6개씩 포장하고 남은 것은 진희가 먹기로 하였습니다. 진희가 먹을 수 있는 만두는 몇 개인가요?

식

답

곱셈구구 범위에서의 나눗셈 ②

★ 나머지가 있는 나눗셈 ②-몫

① 물병 45개를 한 테이블에 6개씩 놓으면 몇 개의 테이블에 놓을 수 있나요?

식   45 ÷ 6 = 7 … 3   답   7개

② 동화책 34권을 한 사람에게 4권씩 주면 몇 사람에게 나누어 줄 수 있나요?

식   ☐ ÷ ☐ = ☐ … ☐   답

③ 키위 76개를 한 상자에 8개씩 담아 팔려고 합니다. 몇 상자까지 팔 수 있나요?

식   ☐ ÷ ☐ = ☐ … ☐   답

④ 별사탕 23개를 3명이 똑같이 나누어 먹으려고 합니다. 한 명이 몇 개씩 먹을 수 있나요?

식   ☐ ÷ ☐ = ☐ … ☐   답

⑤ 공깃돌 42개를 한 명에게 5개씩 나누어 주려고 합니다. 공깃돌을 몇 명에게 나누어 줄 수 있나요?

식 _______________________   답 _______________________

⑥ 쿠키 60개를 9명의 친구들에게 똑같이 나누어 주려고 합니다. 한 명이 받을 수 있는 쿠키는 몇 개인가요?

식 _______________________   답 _______________________

⑦ 색 테이프 2 m로 꽃 리본을 한 개 만들 수 있습니다. 색 테이프 15 m로는 꽃 리본을 몇 개까지 만들 수 있나요?

식 _______________________

답 _______________________

⑧ 종이 인형을 만들기 위해서는 색종이가 7장 필요합니다. 색종이 39장으로는 같은 크기의 종이 인형을 몇 개 만들 수 있나요?

식 _______________________   답 _______________________

045 단계 곱셈구구 범위에서의 나눗셈 ②

★ 나머지가 있는 나눗셈 ③-몫과 나머지

① 딸기 28개를 5접시에 똑같이 나누어 담으려고 합니다. 한 접시에 몇 개씩 담을 수 있고, 몇 개가 남나요?

식 $28 \div 5 = 5 \cdots 3$ 답 5개 , 3개

② 모눈종이 65장을 한 명에게 9장씩 나누어 주려고 합니다. 몇 명에게 나누어 줄 수 있고, 몇 장이 남나요?

식 $65 \div 9 = \square \cdots \square$ 답 ________ , ________

③ 마카롱 11개를 2명이 똑같이 나누어 먹으려고 합니다. 한 명이 몇 개씩 먹을 수 있고, 몇 개가 남나요?

식 $\square \div \square = \square \cdots \square$ 답 ________ , ________

④ 깃발 34개를 한 명당 7개씩 나누어 주려고 합니다. 몇 명에게 나누어 줄 수 있고, 몇 개가 남나요?

식 $\square \div \square = \square \cdots \square$ 답 ________ , ________

⑤ 길이가 45 cm인 색 테이프가 있습니다. 이 색 테이프를 8 cm씩 자르면 몇 도막이 되고, 남는 색 테이프는 몇 cm인가요?

식 _______________

답 _______________ , _______________

⑥ 동전 29개를 3개의 저금통에 똑같이 나누어 넣으려고 합니다. 한 저금통에 몇 개씩 들어가고, 남는 동전은 몇 개인가요?

식 _______________

답 _______________ , _______________

⑦ 고무줄이 27개 있습니다. 4명이 똑같이 나누어 갖는다면 한 명이 고무줄을 몇 개씩 가질 수 있고, 남는 고무줄은 몇 개인가요?

식 _______________

답 _______________ , _______________

⑧ 꽃 가게에서 장미 52송이를 6송이씩 묶어서 팔려고 합니다. 몇 묶음을 팔 수 있고, 남는 장미꽃은 몇 송이인가요?

식 _______________

답 _______________ , _______________

046 단계 곱셈구구 범위에서의 나눗셈 ③

⭐ **나머지가 있는 나눗셈 ①-나머지**

① 바나나 19개를 한 사람에게 2개씩 나누어 주려고 합니다. 남는 바나나는 몇 개인가요?

식 ________________________   답 ________________________

② 책 33권을 책꽂이 5칸에 똑같게 나누어 꽂으려고 합니다. 남는 책은 몇 권인가요?

식 ________________________   답 ________________________

③ 장난감 자동차 22대를 한 상자에 7대씩 담았습니다. 남은 장난감 자동차는 몇 대인가요?

식 ________________________   답 ________________________

④ 물고기 38마리를 한 어항에 9마리씩 넣었습니다. 남은 물고기는 몇 마리인가요?

식 ________________________   답 ________________________

⑤ 사과 65개를 8개씩 포장하여 팔려고 합니다. 포장하고 남는 사과는 몇 개인가요?

식 _______________________   답 _______________

⑥ 학생 38명이 운동장에서 짝짓기 놀이를 하였습니다. 6명씩 짝짓기를 한다면 짝을 짓지 못하는 학생은 몇 명인가요?

식 _______________________

답 _______________

⑦ 구슬 31개를 주머니 4개에 똑같이 나누어 담고, 남은 구슬은 상자에 담았습니다. 상자에 담은 구슬은 몇 개인가요?

식 _______________________   답 _______________

⑧ 케이크를 17조각으로 잘라 친구들에게 3조각씩 나누어 주고, 남은 것은 내가 먹었습니다. 내가 먹은 케이크는 몇 조각인가요?

식 _______________________   답 _______________

곱셈구구 범위에서의 나눗셈 ③

★ 나머지가 있는 나눗셈 ②-몫

① 쌓기나무 48개를 한 명당 5개씩 나누어 주려고 합니다. 몇 명에게 나누어 줄 수 있나요?

식 _______________________   답 _______________________

② 초콜릿 50개를 한 봉지에 7개씩 포장하려고 합니다. 몇 봉지를 만들 수 있나요?

식 _______________________   답 _______________________

③ 자석 20개를 한 명당 3개씩 나누어 주려고 합니다. 몇 명에게 나누어 줄 수 있나요?

식 _______________________   답 _______________________

④ 형광펜 61자루를 8개의 필통에 똑같이 나누어 담으려고 합니다. 필통 한 개에 몇 자루씩 담으면 되나요?

식 _______________________   답 _______________________

⑤ 책상 76개를 교실 한 개에 9개씩 놓으려고 합니다. 몇 개의 교실까지 책상을 놓을 수 있나요?

식 _______________________   답 _______________________

⑥ 영화 티켓 32장을 당첨자 6명에게 똑같이 나누어 주려고 합니다. 당첨자 한 명이 받을 수 있는 영화 티켓은 몇 장인가요?

식 _______________________   답 _______________________

⑦ 반지 한 개를 만드는 데 진주가 2알 필요합니다. 진주 13알로는 같은 크기의 반지를 몇 개 만들 수 있나요?

식 _______________________   답 _______________________

⑧ 나무 막대 4개로 사각형 한 개를 만들 수 있습니다. 어느 사각형도 붙어 있지 않게 만들 때, 나무 막대 39개로는 사각형을 몇 개 만들 수 있나요?

식 _______________________

답 _______________________

곱셈구구 범위에서의 나눗셈 ③

★ **나머지가 있는 나눗셈 ③ – 몫과 나머지**

① 식빵 9조각을 2명이 똑같이 나누어 먹으려고 합니다. 한 명이 몇 조각씩 먹을 수 있고, 몇 조각이 남나요?

식 ____________________　　답 __________ , __________

② 파인애플 46개를 한 상자에 6개씩 나누어 담으려고 합니다. 몇 상자에 담을 수 있고, 몇 개가 남나요?

식 ____________________　　답 __________ , __________

③ 딱풀 57개를 한 모둠에게 9개씩 나누어 주려고 합니다. 몇 모둠에게 나누어 줄 수 있고, 몇 개가 남나요?

식 ____________________　　답 __________ , __________

④ 콩 주머니 38개를 4명에게 똑같이 나누어 주려고 합니다. 한 명에게 몇 개씩 줄 수 있고, 몇 개가 남나요?

식 ____________________　　답 __________ , __________

→ mL는 밀리리터라고 읽습니다.

⑤ 하루에 5 mL씩 마셔야 하는 물약이 33 mL 있습니다. 며칠 동안 마실 수 있고, 몇 mL의 물약이 남게 되나요?

식 __________________________________

답 ____________ , ____________

⑥ 휴지 25개를 3개의 선반에 똑같이 나누어 넣으려고 합니다. 한 선반에 몇 개씩 들어가고, 남는 휴지는 몇 개인가요?

식 __________________________   답 ____________ , ____________

⑦ 캐릭터 카드 46장을 8명의 친구들에게 똑같이 나누어 주려고 합니다. 한 사람당 몇 장씩 받을 수 있고, 남는 캐릭터 카드는 몇 장인가요?

식 __________________________   답 ____________ , ____________

⑧ 색 테이프 7 cm로 종이 고리를 한 개 만들 수 있습니다. 색 테이프 60 cm로는 같은 크기의 고리를 몇 개 만들 수 있고, 남는 색 테이프는 몇 cm인가요?

식 __________________________   답 ____________ , ____________

047 단계 (두 자리 수)×(한 자리 수) ①

★ 몇씩 몇 묶음 ①

① 배추가 한 상자에 10포기씩 5상자 있습니다. 배추는 모두 몇 포기인가요?

식 $10 \times 5 = 50$　　　답 50포기

(전체 배추의 수)
=(한 상자의 배추 수)×(상자 수)
=10×5=50(포기)

② 탁구공이 한 상자에 12개씩 4상자 있습니다. 탁구공은 모두 몇 개인가요?

식 ☐ × ☐ = ☐　　　답

③ 종이컵이 한 묶음에 30개씩 2묶음 있습니다. 종이컵은 모두 몇 개인가요?

식 ☐ × ☐ = ☐　　　답

④ 호두과자가 한 봉지에 22개씩 3봉지 있습니다. 호두과자는 모두 몇 개인가요?

식 ☐ × ☐ = ☐　　　답

⑤ 우주는 기념품 가게에서 한 통에 20개씩 들어 있는 자석 2통을 샀습니다. 우주가 산 자석은 모두 몇 개인가요?

식  20 × 2 = 40

답 40개

⑥ 학교 게시판에 학생들의 미술 작품이 한 줄에 11개씩 3줄로 전시되어 있습니다. 학교 게시판에 전시되어 있는 미술 작품은 모두 몇 개인가요?

식

답

⑦ 은빈이는 동화책을 43쪽씩 2일 동안 읽었습니다. 은빈이가 2일 동안 읽은 동화책은 모두 몇 쪽인가요?

식

답

⑧ 양치질을 일주일에 21회씩 했다면 4주일에 양치질을 모두 몇 번 하게 되나요?

식

답

(두 자리 수)×(한 자리 수) ①

★ **몇씩 몇 묶음 ②**

① 달걀이 한 판에 30개씩 들어 있습니다. 3판에 들어 있는 달걀은 모두 몇 개인가요?

식　30 × 3 = 90　　　답　90개

(전체 달걀의 수)
=(달걀 한 판의 수)×(달걀 판의 수)
=30×3=90(개)

② 박물관에 안내 로봇이 한 층에 14대씩 있습니다. 2개의 층에 있는 안내 로봇은 모두 몇 대인가요?

식　□ × □ = □　　　답　

③ 북어 20마리를 한 쾌라고 합니다. 북어 4쾌는 모두 몇 마리인가요?

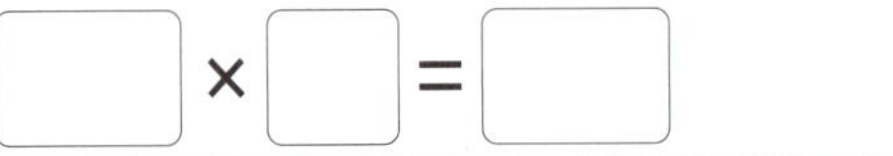

식　□ × □ = □　　　답　

④ 사탕이 한 통에 32개씩 들어 있습니다. 3통에 들어 있는 사탕은 모두 몇 개인가요?

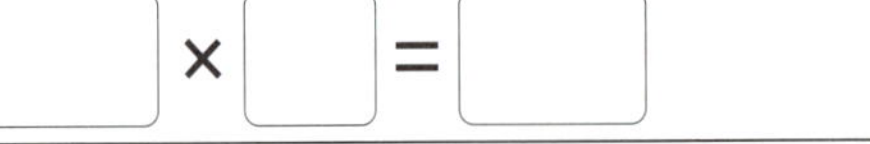

식　□ × □ = □　　　답　

⑤ 버스 한 대에 학생들이 23명씩 탔습니다. 2대의 버스에 탄 학생은 모두 몇 명인가요?

식 _______________________   답 _______________________

⑥ 주아는 하루에 종이비행기를 10개씩 접었습니다. 주아가 일주일 동안 접은 종이비행기는 모두 몇 개인가요?

식 _______________________

답 _______________________

⑦ 작품 한 개를 만들 때마다 병뚜껑 11개씩을 사용합니다. 이 작품 4개를 만들었다면 사용한 병뚜껑은 모두 몇 개인가요?

식 _______________________   답 _______________________

⑧ 연필꽂이 함 한 개에 연필을 32자루씩 넣을 수 있습니다. 연필꽂이 함 3개에는 연필을 모두 몇 자루 넣을 수 있나요?

식 _______________________   답 _______________________

(두 자리 수)×(한 자리 수) ①

★ 몇의 몇 배

① 사탕이 11개 있고, 초콜릿의 수는 사탕의 수의 5배입니다. 초콜릿은 몇 개인가요?

식　11 × 5 = 55　　　　답　55개

(초콜릿의 수)
=(사탕의 수)×(배수)
=11×5=55(개)

② 색연필이 13개 있고, 크레파스의 수는 색연필의 수의 3배입니다. 크레파스는 몇 개인가요?

식　□ × □ = □　　　　답

③ 체육관에 있는 농구공은 24개이고, 축구공의 수는 농구공의 수의 2배입니다. 체육관에 있는 축구공은 몇 개인가요?

식　□ × □ = □　　　　답

④ 수족관에 있는 금붕어는 22마리이고, 열대어의 수는 금붕어의 수의 4배입니다. 수족관에 있는 열대어는 몇 마리인가요?

식　□ × □ = □　　　　답

⑤ 지은이의 나이는 10살이고, 지은이 엄마의 나이는 지은이의 나이의 4배입니다. 지은이 엄마의 나이는 몇 살인가요?

식 ________________________   답 ________________________

⑥ 희수의 몸무게는 34 kg이고, 희수 아빠의 몸무게는 희수의 몸무게의 2배입니다. 희수 아빠의 몸무게는 몇 kg인가요?

식 ________________________

답 ________________________

⑦ 어제 도서관을 이용한 사람은 41명이고, 오늘 도서관을 이용한 사람 수는 어제 이용한 사람 수의 2배입니다. 오늘 도서관을 이용한 사람은 몇 명인가요?

식 ________________________   답 ________________________

⑧ 영수는 운동하는 데 20분이 걸렸고, 친구는 영수가 걸린 시간의 3배만큼 걸렸습니다. 친구가 운동한 시간은 몇 분인가요?

식 ________________________   답 ________________________

(두 자리 수)×(한 자리 수) ②

★ 몇씩 몇 묶음 ①

① 색연필이 한 통에 27자루씩 2통 있습니다. 색연필은 모두 몇 자루인가요?

식 $27 \times 2 = 54$ 답 54자루

② 탁구공이 한 상자에 30개씩 4상자 있습니다. 탁구공은 모두 몇 개인가요?

식 $\square \times \square = \square$ 답 ______

③ 장난감 공룡이 한 줄에 15개씩 3줄 있습니다. 장난감 공룡은 모두 몇 개인가요?

식 $\square \times \square = \square$ 답 ______

④ 생수가 한 묶음에 40병씩 5묶음 있습니다. 생수는 모두 몇 병인가요?

식 $\square \times \square = \square$ 답 ______

⑤ 빵집에 식빵이 한 줄에 18개씩 3줄 있습니다. 빵집에 있는 식빵은 모두 몇 개인가요?

식 _______________________   답 _______________________

⑥ 드론 날리기 체험에 한 학교에서 16명씩 6개의 학교에서 참여했습니다. 참여한 학생은 모두 몇 명인가요?

식 _______________________

답 _______________________

⑦ 콘서트홀에 좌석이 한 줄에 20개씩 9줄 있습니다. 콘서트홀에 있는 좌석은 모두 몇 개인가요?

식 _______________________   답 _______________________

⑧ 성은이네 농장에서 수확한 감자를 한 상자에 41개씩 담아 8상자를 팔았습니다. 판 감자는 모두 몇 개인가요?

식 _______________________   답 _______________________

(두 자리 수)×(한 자리 수) ②

★ 몇씩 몇 묶음 ②

① 요구르트가 한 팩에 50개씩 들어 있습니다. 7팩에 들어 있는 요구르트는 모두 몇 개인가요?

식　50 × 7 = 350　　　답　350개

② 군밤이 한 봉지에 29개씩 들어 있습니다. 3봉지에 들어 있는 군밤은 모두 몇 개인가요?

식　☐ × ☐ = ☐　　　답

③ 공깃돌이 한 통에 15개씩 들어 있습니다. 6통에 들어 있는 공깃돌은 모두 몇 개인가요?

식　☐ × ☐ = ☐　　　답

④ 구슬이 한 상자에 42개씩 들어 있습니다. 4상자에 들어 있는 구슬은 모두 몇 개인가요?

식　☐ × ☐ = ☐　　　답

⑤ 지아네 반 학생은 모두 35명입니다. 반 학생들에게 연필을 각각 2자루씩 나누어 주려고 합니다. 연필은 모두 몇 자루가 필요한가요?

식 ____________________　　답 ____________________

⑥ 어느 동물원의 정글 버스 한 대에는 27명이 탈 수 있습니다. 이 정글 버스 3대에 탈 수 있는 사람은 모두 몇 명인가요?

식 ____________________　　답 ____________________

⑦ 상준이는 윗몸 말아 올리기를 매일 40번씩 합니다. 상준이가 일주일 동안 한 윗몸 말아 올리기는 모두 몇 번인가요?

식 ____________________

답 ____________________

⑧ 경수는 수학 문제를 하루에 62개씩 풀었습니다. 경수가 4일 동안 푼 수학 문제는 모두 몇 개인가요?

식 ____________________　　답 ____________________

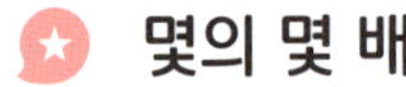 048 단계 (두 자리 수)×(한 자리 수) ②

★ 몇의 몇 배

① 고구마는 25개 있고, 감자의 수는 고구마의 수의 3배입니다. 감자는 몇 개인가요?

식 $25 \times 3 = 75$　　　답 75개

② 초코우유가 46개 있고, 딸기우유의 수는 초코우유의 수의 2배입니다. 딸기우유는 몇 개인가요?

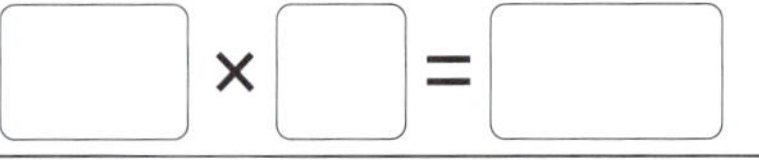

식 　　답

③ 식물원에 핀 장미는 31송이이고, 튤립의 수는 장미의 수의 6배입니다. 식물원에 핀 튤립은 몇 송이인가요?

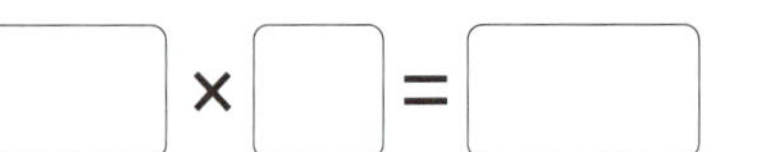

식 　　답

④ 도서관에 있는 동화책은 60권이고, 위인전의 수는 동화책의 수의 5배입니다. 도서관에 있는 위인전은 몇 권인가요?

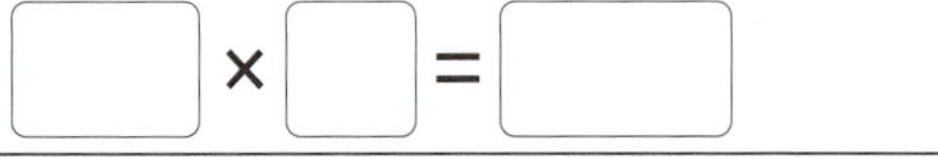

식 　　답

⑤ 예지는 숙제를 하는 데 28분이 걸렸고, 세찬이는 예지가 걸린 시간의 2배만큼 걸렸습니다. 세찬이가 숙제를 하는 데 걸린 시간은 몇 분인가요?

식

답

⑥ 누나의 나이는 15살이고, 할머니의 나이는 누나의 나이의 5배입니다. 할머니의 나이는 몇 살인가요?

식

답

⑦ 공원에 고양이가 31마리 있고, 강아지는 고양이의 수의 4배만큼 있습니다. 공원에 있는 강아지는 몇 마리인가요?

식

답

⑧ 다현이는 블록을 72개 가지고 있고, 친구는 다현이가 가진 블록의 수의 3배만큼 가지고 있습니다. 친구가 가진 블록은 몇 개인가요?

식

답

049 단계 (두 자리 수)×(한 자리 수) ③

★ 몇씩 몇 묶음 ①

① 크레파스가 한 상자에 48개씩 6상자 있습니다. 크레파스는 모두 몇 개인가요?

식 ☐ × ☐ = ☐   답 ____________

② 바둑돌이 한 통에 75개씩 4통 있습니다. 바둑돌은 모두 몇 개인가요?

식 ☐ × ☐ = ☐   답 ____________

③ 아이스크림이 한 상자에 24개씩 7상자 있습니다. 아이스크림은 모두 몇 개인가요?

식 ☐ × ☐ = ☐   답 ____________

④ 운동장에 학생들이 한 줄에 32명씩 8줄로 서 있습니다. 운동장에 서 있는 학생은 모두 몇 명인가요?

식 ☐ × ☐ = ☐   답 ____________

⑤ 미소의 동생은 자음 쓰기 숙제를 위해 ㄱ부터 ㅎ까지 14개의 자음을 8번씩 썼습니다. 미소의 동생이 쓴 자음은 모두 몇 개인가요?

식 _______________________   답 _______________________

⑥ 가상 체험을 할 수 있는 안경이 한 상자에 58개씩 4상자 있습니다. 가상 체험을 할 수 있는 안경은 모두 몇 개인가요?

식 _______________________   답 _______________________

⑦ 우민이는 제과점에서 한 상자에 36개씩 들어 있는 쿠키를 5상자 샀습니다. 우민이가 산 쿠키는 모두 몇 개인가요?

식 _______________________   답 _______________________

⑧ 로봇 체험을 한 회에 62명씩 6회 운영한다고 합니다. 로봇 체험에 참여할 수 있는 사람은 모두 몇 명인가요?

식 _______________________

답 _______________________

049 단계 (두 자리 수)×(한 자리 수) ③

★ 몇씩 몇 묶음 ②

① 약과가 한 상자에 63개씩 들어 있습니다. 4상자에 들어 있는 약과는 모두 몇 개인가요?

식 [ ] × [ ] = [ ]   답 ______________

② 버스 한 대에 승객이 43명씩 탈 수 있습니다. 버스 8대에 탈 수 있는 승객은 모두 몇 명인가요?

식 [ ] × [ ] = [ ]   답 ______________

③ 책꽂이 한 칸에 책을 34권씩 꽂을 수 있습니다. 책꽂이 5칸에 꽂을 수 있는 책은 모두 몇 권인가요?

식 [ ] × [ ] = [ ]   답 ______________

④ 하루는 24시간입니다. 일주일은 총 몇 시간인가요?

식 [ ] × [ ] = [ ]   답 ______________

⑤ 성훈이는 매일 35분씩 달리기 연습을 합니다. 성훈이가 9일 동안 달리기 연습을 한 시간은 모두 몇 분인가요?

식 _______________________   답 _______________________

⑥ 유진이네 반에서는 칭찬 도장 54개를 채우면 과자 한 봉지를 받습니다. 유진이가 과자 3봉지를 받으려면 칭찬 도장을 모두 몇 개 채워야 하나요?

식 _______________________

답 _______________________

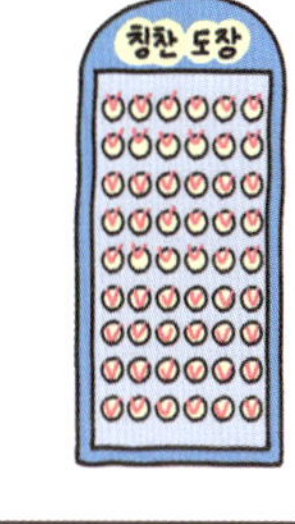

⑦ 동민이네 학교 3학년은 6개 반이 있습니다. 한 반당 24명이 공부를 하고 있다면 동민이네 학교 3학년 학생은 모두 몇 명인가요?

식 _______________________   답 _______________________

⑧ 어느 공장에서 냉장고를 하루에 92대씩 만듭니다. 이 공장에서 일주일 동안 만드는 냉장고는 모두 몇 대인가요?

식 _______________________   답 _______________________

049 단계 (두 자리 수)×(한 자리 수) ③

💬 몇의 몇 배

① 사과는 53개 있고, 귤의 수는 사과의 수의 6배입니다. 귤은 몇 개인가요?

식 ☐ × ☐ = ☐   답 ____________

② 오리는 65마리 있고, 닭의 수는 오리의 수의 4배입니다. 닭은 몇 마리인가요?

식 ☐ × ☐ = ☐   답 ____________

③ 빵집에서 만든 케이크는 49개이고, 도넛의 수는 케이크의 수의 5배입니다. 이 빵집에서 만든 도넛은 몇 개인가요?

식 ☐ × ☐ = ☐   답 ____________

④ 지우는 37개의 포도알을 먹었고, 오빠는 지우가 먹은 포도알의 수의 3배만큼 먹었습니다. 오빠가 먹은 포도알은 몇 개인가요?

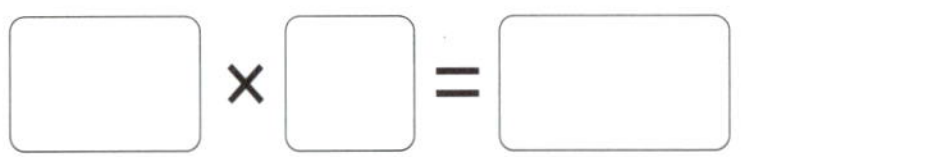

식 ☐ × ☐ = ☐   답 ____________

⑤ 늑대의 무게는 38 kg이고, 불곰의 무게는 늑대의 무게의 8배입니다. 불곰의 무게는 몇 kg인가요?

→ kg은 킬로그램이라고 읽습니다.

식 　　　　　　　　　　　　　　　　　　　　답

⑥ 지난주에는 86개의 꽃을 심었고, 이번 주에는 지난주에 심은 꽃의 수의 3배만큼 심었습니다. 이번 주에 심은 꽃은 몇 개인가요?

식 　　　　　　　　　　　　　　　　　　　　답

⑦ 채림이는 25분 동안 요리했고, 엄마는 채림이가 걸린 시간의 4배만큼 요리했습니다. 엄마는 요리를 몇 분 했나요?

식

답

⑧ 편의점에서 어제는 73개의 생수를 팔았고, 오늘은 어제 판 생수의 수의 5배만큼 팔았습니다. 편의점에서 오늘 판 생수는 몇 개인가요?

식 　　　　　　　　　　　　　　　　　　　　답

(두 자리 수)×(한 자리 수) ④

★ 몇씩 몇 묶음 ①

① 소율이가 제빵사 체험에 참여하여 만든 빵을 한 상자에 10개씩 담았더니 3상자가 되었습니다. 소율이가 만든 빵은 모두 몇 개인가요?

식 ____________________   답 ____________________

② 체조를 하루 동안 한 번에 19분씩 2번 했습니다. 체조를 모두 몇 분 했나요?

식 ____________________   답 ____________________

③ 사물함이 한 줄에 31칸씩 5줄로 이루어져 있습니다. 이 사물함은 모두 몇 칸인가요?

식 ____________________   답 ____________________

④ 희정이는 종이학을 하루에 24개씩 9일 동안 접었습니다. 희정이가 9일 동안 접은 종이학은 모두 몇 개인가요?

식 ____________________   답 ____________________

⑤ 도서관 게시판에 책을 소개하는 그림이 한 줄에 12장씩 4줄로 전시되어 있습니다. 도서관 게시판에 전시된 그림은 모두 몇 장인가요?

식

답

⑥ 어느 식당에서 식탁마다 꽃병을 한 개씩 놓으려고 합니다. 꽃병 한 개에 장미를 6송이씩 꽂아 식탁 13개에 놓으려면 장미는 모두 몇 송이가 필요한가요?

식

답

⑦ 종이 한 장에 붙임딱지를 35개 붙일 수 있다면 종이 7장에는 붙임딱지를 모두 몇 개 붙일 수 있나요?

식

답

⑧ 은호네 과일가게에서는 한 상자에 64개씩 들어 있는 귤을 8상자 팔았습니다. 은호네 과일가게에서 판 귤은 모두 몇 개인가요?

식

답

050 단계 (두 자리 수)×(한 자리 수) ④

★ 몇씩 몇 묶음 ②

① 은수는 소설책을 매일 17쪽씩 읽었습니다. 은수가 3일 동안 읽은 소설책은 모두 몇 쪽인가요?

식 ________________________   답 ________________________

② 식탁 한 개에 의자가 4개씩 놓여 있습니다. 식탁 22개에 놓여 있는 의자는 모두 몇 개인가요?

식 ________________________   답 ________________________

③ 일주일은 7일입니다. 29주는 총 몇 일인가요?

식 ________________________   답 ________________________

④ 목걸이를 한 개 만드는 데 구슬이 72개 필요합니다. 목걸이를 6개 만드는 데 필요한 구슬은 모두 몇 개인가요?

식 ________________________   답 ________________________

⑤ 주원이는 건강을 위해 하루에 36분씩 산책했습니다. 하루도 빠지지 않고 산책했다면 주원이가 일주일 동안 산책한 시간은 모두 몇 분인가요?

식 _______________________　　　답 _______________________

⑥ 칭찬 붙임딱지 43장을 모으면 공책 한 권을 받을 수 있습니다. 준영이가 공책 2권을 받았다면 준영이가 모은 칭찬 붙임딱지는 모두 몇 장인가요?

식 _______________________　　　답 _______________________

kg은 킬로그램이라고 읽습니다.

⑦ 시우네 학교에서는 한 달에 재활용품을 70 kg씩 모으려고 합니다. 시우네 학교에서 8달 동안 모으게 되는 재활용품은 모두 몇 kg인가요?

식 _______________________　　　답 _______________________

⑧ 쌓기나무로 1층 모양을 만드는 데 55개가 필요합니다. 같은 모양으로 5층을 만들기 위해서는 쌓기나무가 모두 몇 개 필요한가요?

식 _______________________

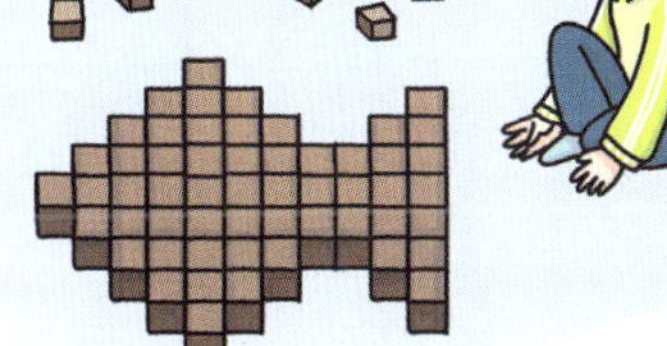

답 _______________________

(두 자리 수)×(한 자리 수) ④

★ 몇의 몇 배

① 필통은 30개 있고, 연필의 수는 필통의 수의 8배입니다. 연필은 몇 개인가요?

식 ____________________   답 ____________________

② 숲속에 있는 토끼는 29마리이고, 다람쥐의 수는 토끼의 수의 6배입니다. 이 숲속에 있는 다람쥐는 몇 마리인가요?

식 ____________________   답 ____________________

→ kg은 킬로그램이라고 읽습니다.

③ 여우의 무게는 7 kg이고, 퓨마의 무게는 여우의 무게의 12배입니다. 퓨마의 무게는 몇 kg인가요?

식 ____________________   답 ____________________

④ 진수는 스티커를 23장 모았고, 은성이는 진수가 모은 스티커 수의 3배만큼 모았습니다. 은성이가 모은 스티커는 몇 장인가요?

식 ____________________   답 ____________________

⑤ 은빛 마을에서는 41그루의 나무를 심었고, 금빛 마을에서는 은빛 마을에서 심은 나무의 수의 4배만큼 심었습니다. 금빛 마을에서 심은 나무는 몇 그루인가요?

식 ____________________   답 ____________________

⑥ 유진이는 그림 그리는 데 26분이 걸렸고, 원영이는 유진이가 그린 시간의 2배만큼 걸렸습니다. 원영이는 그림을 몇 분 동안 그렸나요?

식 ____________________

답 ____________________

⑦ 오늘 가게에서 팔린 문어는 8마리이고, 새우는 오늘 팔린 문어의 수의 27배만큼 팔렸습니다. 오늘 가게에서 팔린 새우는 몇 마리인가요?

식 ____________________   답 ____________________

⑧ 버스에는 승객이 37명 탔고, 지하철에는 버스에 탄 승객 수의 9배만큼 탔습니다. 지하철에 탄 승객은 몇 명인가요?

식 ____________________   답 ____________________

051 단계 (세 자리 수)×(한 자리 수) ①

★ 몇씩 몇 묶음 ①

① 200원짜리 사인펜을 4자루 샀습니다. 사인펜 4자루의 값은 모두 얼마인가요?

식   200 × 4 = 800   답   800원

② 광고지가 한 묶음에 305장씩 2묶음 있습니다. 광고지는 모두 몇 장인가요?

식   ☐ × ☐ = ☐   답

③ 대추를 한 상자에 130개씩 5상자에 담았습니다. 대추는 모두 몇 개인가요?

식   ☐ × ☐ = ☐   답

④ 수하는 하루에 400원씩 8일 동안 저금하였습니다. 수하가 저금한 돈은 모두 얼마인가요?

식   ☐ × ☐ = ☐   답

⑤ 한 통에 312개씩 들어 있는 비타민이 2통 있습니다. 비타민은 모두 몇 개인가요?

 식   312 × 2 = 624   답   624개

⑥ 길이가 124 cm인 막대 4개를 겹치지 않게 이어 붙인 전체 길이는 몇 cm인가요?

 식   답

⑦ 재호는 매일 아침 길이가 251 m인 달리기 코스를 3일 동안 달렸습니다. 재호가 3일 동안 달린 거리는 몇 m인가요?

 식

답

⑧ 수박을 시장에 팔기 위해 한 트럭에 710개씩 5대에 실었습니다. 트럭에 실은 수박은 모두 몇 개인가요?

식   답

(세 자리 수)×(한 자리 수) ①

★ 몇씩 몇 묶음 ②

① 메모지가 한 상자에 100장씩 들어 있습니다. 7상자에 들어 있는 메모지는 모두 몇 장인가요?

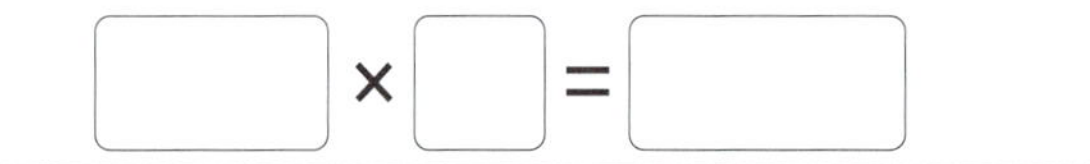

식 | 100 | × | 7 | = | 700 |　　　답 | 700장 |

② 방울토마토가 한 상자에 230개씩 들어 있습니다. 4상자에는 방울토마토가 모두 몇 개 들어 있나요?

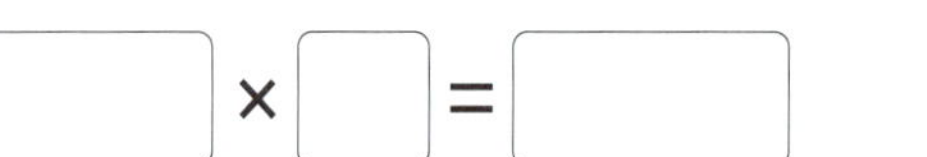

식 |　　| × |　| = |　　|　　　답

③ 은진이네 아파트 한 동에는 136가구가 살고 있습니다. 같은 아파트 2개 동에는 몇 가구가 살고 있나요?

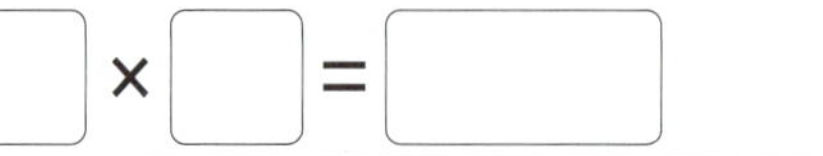

식 |　　| × |　| = |　　|　　　답

④ 아람이는 자전거를 타고 1분에 512 m를 갈 수 있습니다. 같은 속도로 자전거를 타고 3분 동안 갈 수 있는 거리는 몇 m인가요?

식 |　　| × |　| = |　　|　　　답

⑤ 태양이는 매일 제자리 뛰기를 150번씩 합니다. 태양이가 6일 동안 한 제자리 뛰기는 모두 몇 번인가요?

식 

답

⑥ 어느 놀이공원 안내소에 놀이공원 지도를 432장씩 두려고 합니다. 놀이공원 안내소가 3곳이라면 준비해야 할 지도는 모두 몇 장인가요?

식 

답

⑦ 공연장에서 인형극을 하고 있는데 한 번에 341명만 들어갈 수 있습니다. 오늘 2번 공연했는데 자리가 가득 찼다면 공연을 본 사람은 모두 몇 명인가요?

식 

답

⑧ 어른의 인체 모형 한 개는 뼈 206개로 만들어져 있습니다. 어른의 인체 모형 4개에 있는 뼈는 모두 몇 개인가요?

식 

답

(세 자리 수)×(한 자리 수) ①

★ 몇의 몇 배

① 오리가 104마리 있고, 닭의 수는 오리의 수의 5배입니다. 닭은 몇 마리인가요?

식   104 × 5 = 520   답   520마리

② 골프공이 210개 있고, 탁구공의 수는 골프공의 수의 4배입니다. 탁구공은 몇 개인가요?

식   ☐ × ☐ = ☐   답

③ 수진이는 352장의 딱지를 모았고, 도윤이는 수진이가 모은 딱지 수의 2배만큼 모았습니다. 도윤이가 모은 딱지는 몇 장인가요?

식   ☐ × ☐ = ☐   답

④ 어제 영화를 본 관객은 431명이고, 오늘 영화를 본 관객 수는 어제 영화를 본 관객 수의 3배입니다. 오늘 영화를 본 관객은 몇 명인가요?

식   ☐ × ☐ = ☐   답

⑤ 민희네 집에서 학교까지의 거리는 312 m입니다. 민희
네 집에서 도서관까지의 거리는 민희네 집에서 학교까
지의 거리의 3배입니다. 민희네 집에서 도서관까지의
거리는 몇 m인가요?

식 ______________________________

답 ______________________________

⑥ 소형 어선에서 잡은 물고기는 201마리이고, 대형 어선에서 잡은 물고기 수는 소형 어선에서 잡
은 물고기 수의 8배입니다. 대형 어선에서 잡은 물고기는 몇 마리인가요?

식 ______________________________   답 ______________________________

⑦ 동네 도서관에는 427권의 책이 있습니다. 학교 도서관에는 동네 도서관에 있는 책의 수의 2배
만큼 있습니다. 학교 도서관에 있는 책은 몇 권인가요?

식 ______________________________   답 ______________________________

⑧ 편의점에서 하루에 162개의 과자를 팔았고, 대형 마트에서는 편의점에서 판 과자 수의 4배만큼
팔았습니다. 대형 마트에서 판 과자는 몇 개인가요?

식 ______________________________   답 ______________________________

052 단계 (세 자리 수)×(한 자리 수) ②

★ 몇씩 몇 묶음 ①

① 650원짜리 공책을 3권 샀습니다. 공책 3권의 값은 모두 얼마인가요?

식 650 × 3 = 1950   답 1950원

② 빨대가 한 봉지에 304개씩 6봉지가 있습니다. 빨대는 모두 몇 개인가요?

식 ☐ × ☐ = ☐   답 __________

③ 주희네 모둠은 종이학을 매일 135개씩 5일 동안 접었습니다. 주희네 모둠이 접은 종이학은 모두 몇 개인가요?

식 ☐ × ☐ = ☐   답 __________

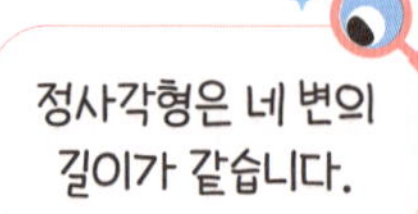

④ 한 변의 길이가 286 cm인 정사각형의 네 변의 길이의 합은 몇 cm인가요?

식 ☐ × ☐ = ☐   답 __________

⑤ 놀이공원에서 한 개에 850원인 별 모양 사탕을 4개 샀습니다. 별 모양 사탕 4개의 값은 모두 얼마인가요?

식 $850 \times 4 = 3400$ 답   3400원

⑥ 승객이 한 번에 264명씩 탈 수 있는 열차가 하루에 5번 운행됩니다. 하루에 이 열차를 탈 수 있는 승객은 모두 몇 명인가요?

식   답

⑦ 어느 도서관에는 물품 보관함이 한 층에 186개씩 2개 층이 있습니다. 이 도서관에 있는 물품 보관함은 모두 몇 개인가요?

식

답

⑧ 야생 동물을 관찰하기 위해 드론을 사용하여 사진을 찍으려고 합니다. 하루에 415장씩 찍는다면 3일 동안 찍을 수 있는 사진은 모두 몇 장인가요?

식   답

052단계 (세 자리 수)×(한 자리 수) ②

★ 몇씩 몇 묶음 ②

① 한 층을 만드는 데 135개의 타일이 필요합니다. 4층 건물을 만드는 데 필요한 타일은 모두 몇 개인가요?

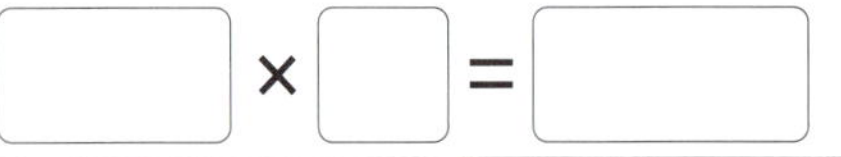

식 135 × 4 = 540   답 540개

② 완두콩이 주머니 한 개에 526개씩 들어 있습니다. 주머니 3개에 들어 있는 완두콩은 모두 몇 개인가요?

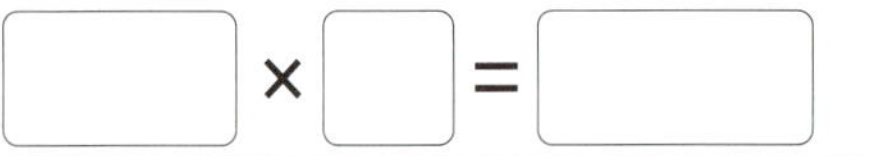

식 ☐ × ☐ = ☐   답

③ 꿀벌은 1초에 날갯짓을 230번 할 수 있다고 합니다. 꿀벌이 6초 동안 날갯짓을 몇 번 할 수 있나요?

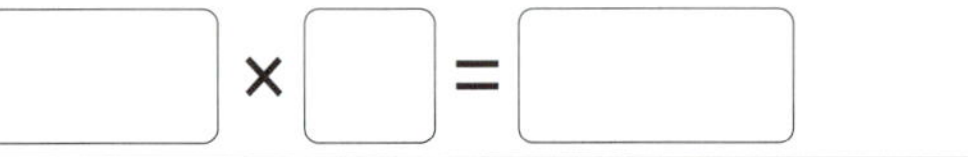

식 ☐ × ☐ = ☐   답

④ 1년은 365일입니다. 7년은 총 며칠인가요? (단, 윤년은 생각하지 않습니다.)

식 ☐ × ☐ = ☐   답

⑤ 현아는 덴마크 동전 5크로네를 가지고 있습니다. 1크로네가 우리나라 돈으로 214원이면 현아가 가지고 있는 돈은 얼마인가요?

식

답

⑥ 3학년 학생 132명은 새 학기가 되어서 교과서를 새로 받았습니다. 각각 7권씩 받았다면, 3학년 학생들이 받은 교과서는 모두 몇 권인가요?

식

답

⑦ 둘레가 568 m인 운동장이 있습니다. 민준이가 이 운동장을 3바퀴 걸었다면, 걸은 거리는 몇 m인가요?

식

답

→ km는 킬로미터라고 읽습니다.

⑧ 어느 고속 열차는 1시간에 370 km 만큼 이동한다고 합니다. 이 고속 열차가 3시간 동안 이동할 수 있는 거리는 몇 km인가요?

식

답

(세 자리 수) × (한 자리 수) ②

⭐ **몇의 몇 배**

① 볼펜이 127자루 있고, 연필의 수는 볼펜의 수의 6배입니다. 연필은 몇 자루인가요?

식   127 × 6 = 762   답   762자루

② 테이블이 315개 있고, 의자의 수는 테이블의 수의 4배입니다. 의자는 몇 개인가요?

식   ☐ × ☐ = ☐   답

③ 지효는 970원을 가지고 있고, 선예는 지효가 가진 돈의 2배만큼을 가지고 있습니다. 선예가 가진 돈은 얼마인가요?

식   ☐ × ☐ = ☐   답

④ 우리 학교의 전체 학생은 538명이고, 우리 마을의 인구 수는 우리 학교의 전체 학생 수의 7배라고 합니다. 우리 마을의 인구는 몇 명인가요?

식   ☐ × ☐ = ☐   답

⑤ 계룡산의 높이는 약 850 m이고, 설악산의 높이는 계룡산의 높이의 약 2배입니다. 설악산의 높이는 약 몇 m인가요?

식   850 × 2 = 1700   답   약 1700 m

⑥ 오토바이의 무게는 138 kg이고, 자동차의 무게는 오토바이의 무게의 9배입니다. 자동차의 무게는 몇 kg인가요?

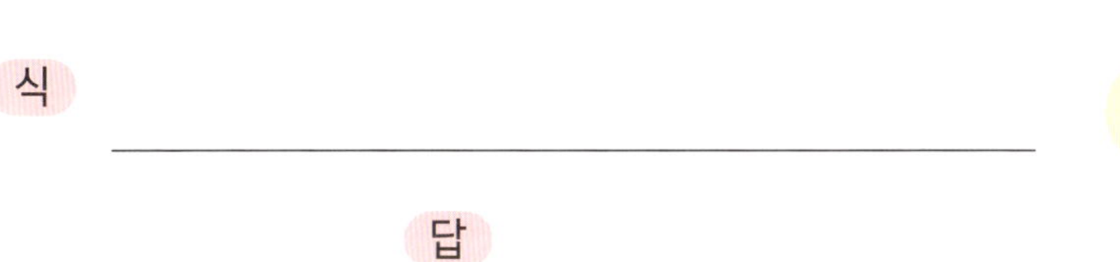

식

답

⑦ 작년에 하은이네 농장에서는 수박 296통을 수확했습니다. 올해는 작년의 3배만큼 수확했다면 올해 수확한 수박은 몇 통인가요?

식   답

⑧ 축구 경기의 입장권 중 어린이 표는 705장 팔렸고, 어른 표는 어린이 표의 5배만큼 팔렸습니다. 축구 경기의 입장권 중 어른 표는 몇 장 팔렸나요?

식   답

053 단계 (두 자리 수)×(두 자리 수) ①

★ 모두 몇 개인지 곱 구하기 ①

① 한 상자에 20개씩 들어 있는 양파가 10상자 있습니다. 양파는 모두 몇 개인가요?

식   20 × 10 = 200   답   200개

② 어린이 기차 한 대에 12명씩 탈 수 있다면 20대에는 모두 몇 명이 탈 수 있나요?

식   ☐ × ☐ = ☐   답

③ 블록을 한 줄에 15개씩 41줄로 세워 놓았습니다. 세워 놓은 블록은 모두 몇 개인가요?

식   ☐ × ☐ = ☐   답

④ 강당에 학생들이 한 줄에 24명씩 19줄 앉아 있습니다. 강당에 앉아 있는 학생은 모두 몇 명인가요?

식   ☐ × ☐ = ☐   답

⑤ 유나는 알뜰 시장에서 90원짜리 수첩 10권을 샀습니다. 유나가 내야 할 돈은 얼마인가요?

식   90 × 10 = 900   답   900원

⑥ 민우네 양계장에서 오늘 30개씩 담긴 달걀 24판을 팔았습니다. 오늘 판 달걀은 모두 몇 개인가요?

식

답

⑦ 주빈이네 반 학생 27명에게 색연필을 각각 12자루씩 주려고 합니다. 색연필은 모두 몇 자루가 필요한가요?

식   답

⑧ 도훈이는 수학 문제를 하루에 32개씩 25일 동안 풀었습니다. 도훈이가 푼 수학 문제는 모두 몇 개인가요?

식   답

●053 단계 (두 자리 수)×(두 자리 수) ①

⭐ **모두 몇 개인지 곱 구하기 ②**

① 토마토를 한 상자에 40개씩 담았습니다. 20상자에 담은 토마토는 모두 몇 개인가요?

식 　40 × 20 = 800 　　　　답 　800개

② 하루는 24시간입니다. 30일은 총 몇 시간인가요?

식 　☐ × ☐ = ☐ 　　　　답

③ 어느 영화관에는 좌석이 한 줄에 16개씩 있습니다. 좌석이 22줄 있다면 좌석은 모두 몇 개인가요?

식 　☐ × ☐ = ☐ 　　　　답

④ 버스 한 대에 학생 28명이 탈 수 있습니다. 버스 31대에 탈 수 있는 학생은 모두 몇 명인가요?

식 　☐ × ☐ = ☐ 　　　　답

⑤ 우리 반 학생 20명은 매일 우유를 한 개씩 마십니다. 우유를 30일 동안 마신다면 모두 몇 개 마시게 되나요?

식

답

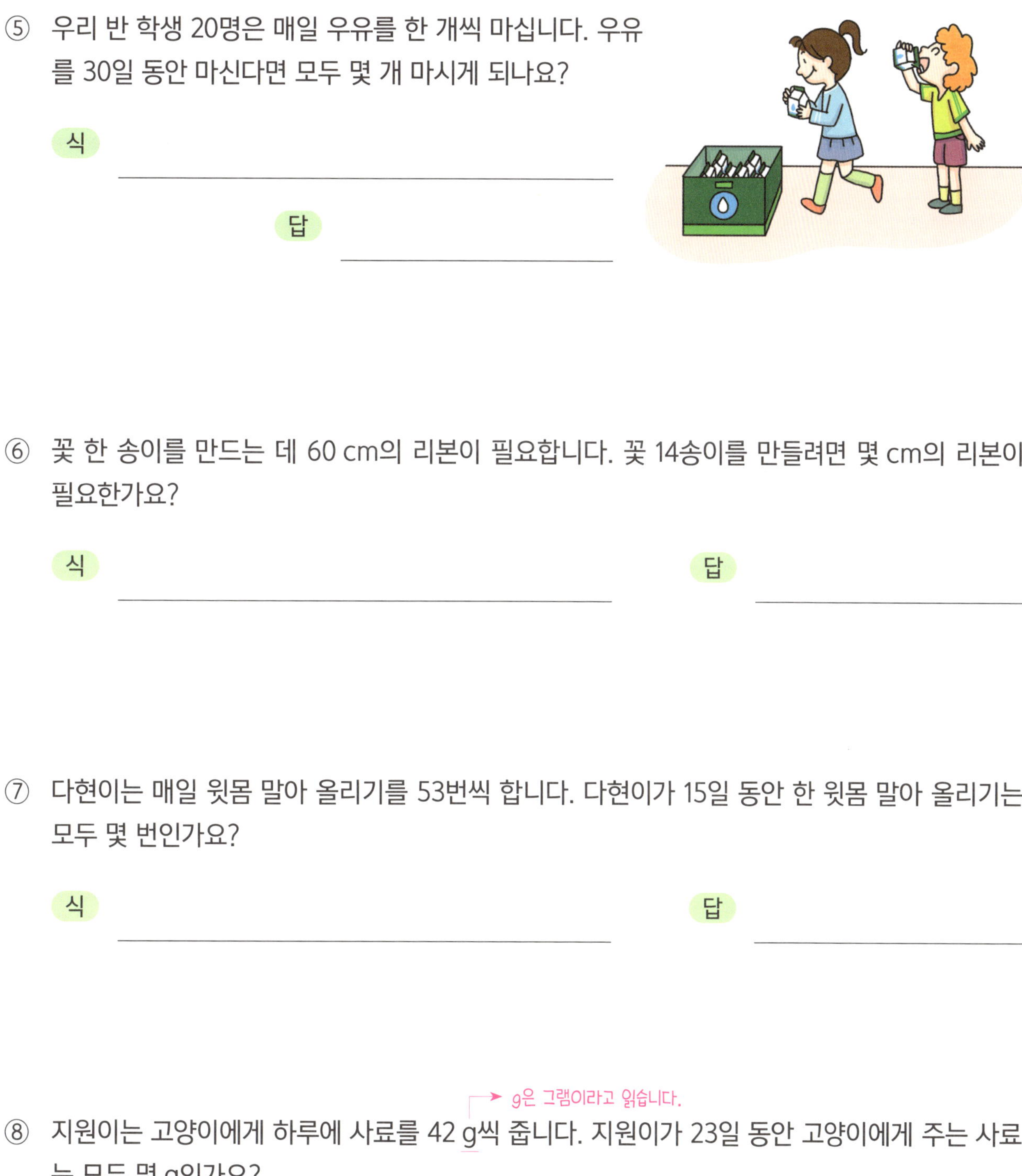

⑥ 꽃 한 송이를 만드는 데 60 cm의 리본이 필요합니다. 꽃 14송이를 만들려면 몇 cm의 리본이 필요한가요?

식   답

⑦ 다현이는 매일 윗몸 말아 올리기를 53번씩 합니다. 다현이가 15일 동안 한 윗몸 말아 올리기는 모두 몇 번인가요?

식   답

→ g은 그램이라고 읽습니다.

⑧ 지원이는 고양이에게 하루에 사료를 42 g씩 줍니다. 지원이가 23일 동안 고양이에게 주는 사료는 모두 몇 g인가요?

식   답

● 053 단계 (두 자리 수)×(두 자리 수) ①

★ 모두 몇 개인지 곱 구하기 ③

① 운동장에 깃발이 한 줄에 12개씩 56줄 놓여 있습니다. 운동장에 놓인 깃발은 모두 몇 개인 가요?

식   12 × 56 = 672   답   672개

② 하루는 24시간이고, 12월은 31일까지 있습니다. 12월 한 달은 몇 시간인가요?

식   ☐ × ☐ = ☐   답

③ 회전목마는 한 번에 28명씩 탈 수 있고, 하루에 20번 운행합니다. 하루 동안 회전목마에 탈 수 있는 사람은 모두 몇 명인가요?

식   ☐ × ☐ = ☐

답

④ 알뜰 장터에서 학생들에게 모자를 한 개씩 나누어 주려고 합니다. 전체 학급은 35반이고, 각 반의 학생은 27명씩입니다. 준비해야할 모자는 모두 몇 개인가요?

식   ☐ × ☐ = ☐   답

⑤ 재민이는 칭찬 스티커 한 장을 모을 때마다 엄마에게 50원을 받기로 했습니다. 재민이가 모은 칭찬 스티커가 14장일 때 엄마에게 받은 돈은 모두 얼마인가요?

식 ___________________   답 ___________________

⑥ 어느 양계장에서 닭이 하루에 먹는 모이의 양은 42 kg입니다. 닭이 13일 동안 먹는 모이의 양은 모두 몇 kg인가요?

→ kg은 킬로그램이라고 읽습니다.

식 ___________________   답 ___________________

⑦ 선생님께서 미술 수업에 사용할 색종이를 반 학생 모두에게 각각 19장씩 나누어 주시려고 합니다. 반 학생이 26명이라면 색종이는 모두 몇 장을 준비해야 하나요?

식 ___________________   답 ___________________

⑧ 어느 빵 가게에서는 하루에 달걀 38판을 사용한다고 합니다. 달걀 한 판에 달걀이 25개씩 있다면, 이 빵 가게에서 하루에 사용하는 달걀은 모두 몇 개인가요?

식 ___________________   답 ___________________

● 054 단계 (두 자리 수)×(두 자리 수) ②

★ 모두 몇 개인지 곱 구하기 ①

① 주원이는 50원짜리 동전을 60개 모았습니다. 주원이가 모은 돈은 모두 얼마인가요?

식 $50 \times 60 = 3000$ 답 3000원

② 은우는 매일 줄넘기를 77번씩 30일간 했습니다. 은우는 줄넘기를 모두 몇 번 했나요?

식 ☐ × ☐ = ☐   답

→ g은 그램이라고 읽습니다.

③ 무게가 56 g인 초콜릿이 32개 쌓여 있습니다. 초콜릿의 무게는 모두 몇 g인가요?

식 ☐ × ☐ = ☐   답

④ 선생님은 한 묶음에 25장인 색종이를 56묶음 샀습니다. 선생님이 산 색종이는 모두 몇 장인가요?

식 ☐ × ☐ = ☐   답

⑤ 한 상자에 40장씩 들어 있는 놀이 카드가 70상자 있습니다. 놀이 카드는 모두 몇 장인가요?

식   40 × 70 = 2800

답   2800장

⑥ 한 상자에 90개의 탁구공을 넣은 상자를 위로 24개 쌓아 올렸습니다. 상자 안에 든 탁구공은 모두 몇 개인가요?

식

답

⑦ 야외 광장에 의자를 한 줄에 38개씩 52줄로 놓으려고 합니다. 준비해야 할 의자는 모두 몇 개인가요?

식

답

⑧ 민영이네 농장에서는 토마토를 한 바구니에 43개씩 63바구니를 수확했습니다. 민영이네 농장에서 수확한 토마토는 모두 몇 개인가요?

식

답

054 단계 (두 자리 수)×(두 자리 수) ②

★ 모두 몇 개인지 곱 구하기 ②

① 사탕이 한 봉지에 30개씩 있습니다. 40봉지에는 사탕이 모두 몇 개 있나요?

식 $30 \times 40 = 1200$ 답 1200개

② 통조림이 한 상자에 46개씩 들어 있습니다. 50상자에 들어 있는 통조림은 모두 몇 개인가요?

식 $\boxed{} \times \boxed{} = \boxed{}$ 답 ________________

③ 어항 한 개에 열대어가 28마리씩 있습니다. 어항 54개에 있는 열대어는 모두 몇 마리인가요?

식 $\boxed{} \times \boxed{} = \boxed{}$ 답 ________________

④ 주호는 한 명에게 철사를 32 cm씩 주려고 합니다. 75명에게 나누어 주려면 철사는 몇 cm가 필요한가요?

식 $\boxed{} \times \boxed{} = \boxed{}$ 답 ________________

⑤ 지우개가 한 상자에 50개씩 들어 있습니다. 지우개 한 개의 값이 90원이라면, 지우개 한 상자의 값은 얼마인가요?

식 ________________________   답 ________________________

⑥ 서현이는 책을 하루에 20쪽씩 읽으려고 합니다. 서현이가 61일 동안 읽을 수 있는 책은 모두 몇 쪽인가요?

식 ________________________   답 ________________________

⑦ 지윤이는 매일 걷기 운동을 45분씩 합니다. 27일 동안에는 걷기 운동을 모두 몇 분 하게 되나요?

식 ________________________   답 ________________________

⑧ 인형을 한 시간에 64개씩 만드는 기계가 있습니다. 이 기계에서 37시간 동안 만들 수 있는 인형은 모두 몇 개인가요?

식 ________________________

답 ________________________

(두 자리 수)×(두 자리 수) ②

★ 모두 몇 개인지 곱 구하기 ③

① 놀이공원에 우산 길을 만들기 위해 한 상자에 20개씩 들어 있는 우산 75상자를 샀습니다. 우산은 모두 몇 개인가요?

식   20 × 75 = 1500   답   1500개

② 벌새가 1초 동안 60번 날갯짓을 한다고 할 때, 1분 동안 날갯짓을 몇 번 하게 되나요?

식   ☐ × ☐ = ☐   답 ___________

③ 마라톤 대회에 참가한 선수들이 한 줄에 28명씩 76줄로 서 있습니다. 마라톤 대회에 참가한 선수는 모두 몇 명인가요?

식   ☐ × ☐ = ☐   답 ___________

④ 소윤이는 10월 한 달 동안 매일 45분씩 피아노 연습을 했습니다. 소윤이가 10월 한 달 동안 피아노 연습을 한 시간은 모두 몇 분인가요?

식   ☐ × ☐ = ☐

답 ___________

⑤ 냉장고를 한 시간에 42대씩 만드는 공장이 있습니다. 이 공장에서 50시간 동안 만들 수 있는 냉장고는 모두 몇 대인가요?

식 _____________________   답 _____________________

⑥ 지우는 자전거로 1분에 90 m를 갈 수 있습니다. 자전거를 타고 같은 빠르기로 1시간 동안 몇 m를 갈 수 있나요?

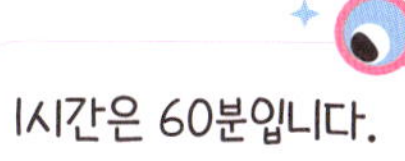

식 _____________________   답 _____________________

⑦ 화물 자동차 한 대에는 상자를 72개씩 실을 수 있습니다. 화물 자동차 39대에 실을 수 있는 상자는 모두 몇 개인가요?

식 _____________________   답 _____________________

⑧ 인성이네 반은 27명입니다. 선생님이 준비물로 풍선을 각각 53개씩 가지고 오라고 하셨습니다. 인성이네 반 학생들이 준비한 풍선은 모두 몇 개인가요?

식 _____________________   답 _____________________

(세 자리 수)×(두 자리 수) ①

★ 모두 몇 개인지 곱 구하기 ①

① 호두가 한 자루에 200개씩 40자루 있습니다. 호두는 모두 몇 개인가요?

식   200 × 40 = 8000   답   8000개

② 달걀이 한 판에 30개씩 187판 있습니다. 달걀은 모두 몇 개인가요?

식   ☐ × ☐ = ☐   답 ____________

③ 한 상자에 320개씩 들어 있는 블록이 16상자 있습니다. 블록은 모두 몇 개인가요?

식   ☐ × ☐ = ☐   답 ____________

④ 한 팩에 235 g씩 담겨 있는 샐러드가 20팩 있습니다. 샐러드는 모두 몇 g인가요?

식   ☐ × ☐ = ☐   답 ____________

⑤ 문구점에서 450원짜리 연필을 12자루 샀습니다. 연필 값은 모두 얼마인가요?

식　　　　450 × 12 = 5400　　　　　답　　　5400원

⑥ 소은이는 훌라후프를 하루에 215회씩 30일 동안 했습니다. 소은이는 훌라후프를 모두 몇 회 했나요?

식　　　　　　　　　　　　　　　　답

➡ kg은 킬로그램이라고 읽습니다.

⑦ 스마트 팜에서 딸기를 하루에 173 kg씩 25일 동안 생산했습니다. 생산한 딸기는 모두 몇 kg인가요?

식

답

⑧ 선생님께서 학생들에게 나누어 주기 위해 한 봉지에 126개씩 들어 있는 초콜릿 32봉지를 준비했습니다. 준비한 초콜릿은 모두 몇 개인가요?

식　　　　　　　　　　　　　　　　답

(세 자리 수)×(두 자리 수) ①

★ **모두 몇 개인지 곱 구하기 ②**

① 클립이 한 상자에 300개씩 들어 있습니다. 20상자에 들어 있는 클립은 모두 몇 개인가요?

식   300 × 20 = 6000   답   6000개

② 한 개의 무게가 60 g인 달걀이 있습니다. 달걀 135개의 무게는 모두 몇 g인가요?

식   ☐ × ☐ = ☐   답

③ 제빵사가 하루에 400개씩 빵을 굽습니다. 이 제빵사가 19일 동안 굽는 빵은 모두 몇 개인가요?

식   ☐ × ☐ = ☐   답

④ 신발 한 켤레를 만드는 데 끈이 270 cm 필요합니다. 신발 34켤레를 만드는 데 필요한 끈은 모두 몇 cm인가요?

식   ☐ × ☐ = ☐   답

⑤ 은별이는 하루에 240 m씩 수영 연습을 합니다. 은별이가
30일 동안 수영하는 거리는 모두 몇 m인가요?

식 ________________________________

답 ________________________________

⑥ 한 시간에 120 km를 달리는 기차가 있습니다. 이 기차가 쉬지 않고 24시간 동안 달릴 수 있는
거리는 몇 km인가요?

→ km는 킬로미터라고 읽습니다.

식 ________________________________   답 ________________________________

⑦ 지아네 학교에서 391명이 한 개씩 우유 급식을 합니다. 17일 동안 학생들이 받는 우유는 모두
몇 개인가요?

식 ________________________________   답 ________________________________

⑧ 어느 전망대는 한 번에 248명씩 입장할 수 있습니다. 하루에 12번 입장한다면 하루 동안 입장
할 수 있는 사람은 모두 몇 명인가요?

식 ________________________________   답 ________________________________

055 단계 (세 자리 수)×(두 자리 수) ①

★ 모두 몇 개인지 곱 구하기 ③

① 고구마밭에서 고구마를 한 자루에 100개씩 48자루 수확했습니다. 수확한 고구마는 모두 몇 개인가요?

식　100 × 48 = 4800　　답　4800개

② 놀이동산의 실내 놀이터에 하루 동안 126명씩 30번 입장했습니다. 입장한 사람은 모두 몇 명인가요?

식　☐ × ☐ = ☐　　답　

③ 농장에서 인공 지능으로 식물을 재배하여 물을 한 달에 492 L씩 1년 동안 절약했습니다. 절약한 물은 모두 몇 L인가요?

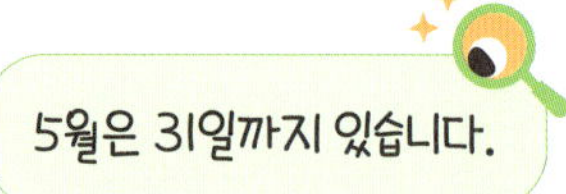

식　☐ × ☐ = ☐　　답　

④ 은비는 매일 저녁에 운동장을 한 바퀴씩 달렸습니다. 운동장 한 바퀴가 245 m일 때 은비가 5월 한 달 동안 운동장을 달린 거리는 모두 몇 m인가요?

식　☐ × ☐ = ☐　　답　

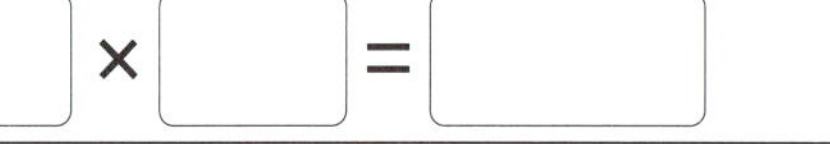

⑤ 굴비 한 두름은 20마리입니다. 굴비 360두름이 있다면 굴비는 모두 몇 마리인가요?

식 ________________________   답 ________________________

⑥ 꽃 농가에서는 온실 한 개당 꽃모종 214개를 심으려고 합니다. 온실 40개에 심을 꽃모종은 모두 몇 개인가요?

식 ________________________   답 ________________________

⑦ 1분에 108 m를 이동하는 해저 탐사 로봇이 있습니다. 이 로봇이 같은 빠르기로 56분 동안 이동했다면 몇 m를 이동했나요?

식 ________________________

답 ________________________

⑧ 민호는 1년 동안 매일 아침에 25분씩 걷기 운동을 했습니다. 1년을 365일로 계산한다면 민호가 1년 동안 아침에 걷기 운동을 한 시간은 모두 몇 분인가요?

식 ________________________   답 ________________________

056단계 (세 자리 수)×(두 자리 수) ②

★ 모두 몇 개인지 곱 구하기 ①

① 한 팩에 200 mL씩 들어 있는 주스가 70팩 있습니다. 주스는 모두 몇 mL인가요?

→ mL는 밀리리터라고 읽습니다.

식 200 × 70 = 14000   답 14000 mL

② 한 봉지에 45개씩 들어 있는 젤리가 600봉지 있습니다. 젤리는 모두 몇 개인가요?

식 ☐ × ☐ = ☐   답 ____________

③ 도서관에 책이 350권씩 꽂혀 있는 책꽂이가 72개 있습니다. 도서관에 있는 책은 모두 몇 권인가요?

식 ☐ × ☐ = ☐   답 ____________

④ 농장에서 딴 귤을 한 상자에 238개씩 50상자에 나누어 담았습니다. 상자에 담은 귤은 모두 몇 개인가요?

식 ☐ × ☐ = ☐   답 ____________

⑤ 민아는 1년 동안 500원짜리 동전을 84개 저금했습니다. 민아가 1년 동안 저금한 돈은 모두 얼마인가요?

식   500 × 84 = 42000   답   42000원

⑥ 정후는 90일 동안 매일 아침에 줄넘기를 250번씩 하였습니다. 정후가 90일 동안 한 줄넘기는 모두 몇 번인가요?

식   답

⑦ 장난감 공장에서 퍼즐 조각을 한 상자에 542개씩 담아 38상자를 만들었습니다. 38상자에 담긴 퍼즐 조각은 모두 몇 개인가요?

식

답

⑧ 유치원에서는 어린이날을 맞아 한 권에 670원짜리 공책을 98명의 어린이에게 한 권씩 나누어 주려고 합니다. 공책 값은 모두 얼마인가요?

식   답

(세 자리 수)×(두 자리 수) ②

★ 모두 몇 개인지 곱 구하기 ②

① 고무줄이 한 통에 400개씩 들어 있습니다. 80통에 들어 있는 고무줄은 모두 몇 개인가요?

식   400 × 80 = 32000   답   32000개

② 한 봉지의 무게가 270 g인 과자가 있습니다. 이 과자 60봉지의 무게는 모두 몇 g인가요?

> → g은 그램이라고 읽습니다.

식   ☐ × ☐ = ☐   답

③ 머리핀이 한 상자에 300개씩 들어 있습니다. 75상자에 들어 있는 머리핀은 모두 몇 개인가요?

식   ☐ × ☐ = ☐   답

④ 한 층을 짓는 데 742개의 전등이 필요합니다. 20층 건물을 짓는 데 필요한 전등은 모두 몇 개인가요?

식   ☐ × ☐ = ☐   답

⑤ 정민이네 반 학생 35명이 수목원 견학을 갔습니다. 학생 한 명의 입장료가 700원이라면 입장료는 모두 얼마인가요?

식

답

⑥ 로봇이 하루에 524개의 부품을 조립합니다. 이 로봇이 26일 동안 조립할 수 있는 부품은 모두 몇 개인가요?

식

답

⑦ 유진이가 집에서 수영장까지 다녀오는 데 498 m를 걸어야 합니다. 유진이가 31일 동안 수영장에 다녀왔다면 걸은 거리는 모두 몇 m인가요?

식

답

⑧ 선물 상자 한 개를 포장하는 데 색 테이프가 253 cm 필요합니다. 선물 상자 74개를 포장하는데 필요한 색 테이프는 모두 몇 cm인가요?

식

답

●056단계 (세 자리 수)×(두 자리 수) ②

★ 모두 몇 개인지 곱 구하기 ③

① 지아는 불우 이웃 돕기를 위해 매일 350원씩 80일 동안 모았습니다. 지아가 모은 돈은 모두 얼마인가요?

식   350 × 80 = 28000   답   28000원

② 도윤이는 하루에 물을 970 mL씩 18일 동안 마셨습니다. 도윤이가 18일 동안 마신 물은 모두 몇 mL인가요?

식   ☐ × ☐ = ☐   답

③ 어느 공장에서는 안전을 위해 안전모를 사용합니다. 안전모는 한 상자에 235개씩 60상자가 있습니다. 60상자에 있는 안전모는 모두 몇 개인가요?

식   ☐ × ☐ = ☐   답

④ 진원이는 자전거를 타고 왕복 836 m인 약수터를 25일 동안 매일 다녀왔습니다. 진원이가 약수터를 다니면서 자전거를 탄 거리는 모두 몇 m인가요?

식   ☐ × ☐ = ☐

답

⑤ 피자 한 판을 만드는 데 밀가루 410 g을 사용합니다. 피자 37판을 만들기 위해 필요한 밀가루는 모두 몇 g인가요?

→ g은 그램이라고 읽습니다.

식   답

⑥ 트럭이 하루에 504 km를 운행합니다. 29일 동안 같은 거리만큼 운행했다면 총 이동 거리는 몇 km인가요?

→ km는 킬로미터라고 읽습니다.

식   답

⑦ 하루에 735대의 컴퓨터 모니터를 만드는 공장이 있습니다. 이 공장에서 6월 한 달 동안 만들 수 있는 컴퓨터 모니터는 모두 몇 대인가요?

6월은 30일까지 있습니다.

식   답

⑧ 어느 발전소에서 하루에 625 kWh의 전기를 생산합니다. 이 발전소에서 24일 동안 생산하는 전기의 양은 모두 몇 kWh인가요?

→ kWh는 킬로와트시라고 읽습니다.

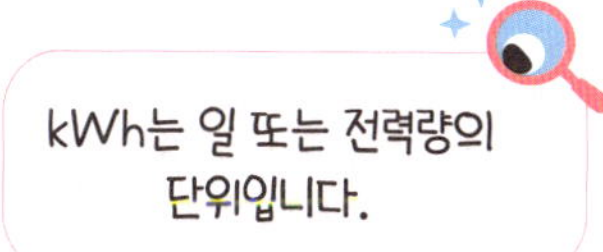

식   답

057 단계 (몇십)÷(몇), (몇백 몇십)÷(몇)

⭐ **똑같이 나누는 나눗셈의 몫 구하기 ①**

① 공책 60권을 3명에게 똑같이 나누어 주면 한 명에게 몇 권씩 줄 수 있나요?

식 $60 \div 3 = 20$ 답   20권

② 장미 40송이를 꽃병 4개에 똑같게 나누어 꽂으려고 합니다. 꽃병 한 개에 몇 송이씩 꽂으면 되나요?

식   □ ÷ □ = □   답

③ 귤 200개를 5상자에 똑같이 나누어 담으면 한 상자에 몇 개씩 담을 수 있나요?

식   □ ÷ □ = □   답

④ 별사탕 400개를 8명에게 똑같이 나누어 주려고 합니다. 한 명에게 몇 개씩 줄 수 있나요?

식   □ ÷ □ = □   답

⑤ 바둑돌 180개를 2명이 똑같이 나누어 가지려고 합니다. 한 명이 몇 개씩 가져야 하나요?

식　　180 ÷ 2 = 90　　　　답　　90개

⑥ 클립 210개를 7명이 똑같이 나누어 가지려고 합니다. 한 명이 몇 개씩 가질 수 있나요?

식　　　　　　답

⑦ 야구공 420개를 6바구니에 똑같이 나누어 담으려고 합니다. 한 바구니에 몇 개씩 담아야 하나요?

식

답

⑧ 색 도화지 540장을 9학급에 똑같이 나누어 주려고 합니다. 한 학급에 색 도화지를 몇 장씩 줄 수 있나요?

식　　　　　　답

(몇십)÷(몇), (몇백 몇십)÷(몇)

★ **똑같이 나누는 나눗셈의 몫 구하기 ②**

① 자두 40개를 한 명에게 2개씩 나누어 준다면 몇 명에게 줄 수 있나요?

식　$40 \div 2 = 20$　　답　20명

② 공깃돌이 50개 있습니다. 한 상자에 5개씩 담으려면 몇 상자가 필요한가요?

식　$\boxed{} \div \boxed{} = \boxed{}$　　답　______

③ 스티커 200장을 한 명에게 4장씩 나누어 준다면 몇 명에게 줄 수 있나요?

식　$\boxed{} \div \boxed{} = \boxed{}$　　답　______

④ 곤충 한 마리의 다리는 6개입니다. 곤충의 다리가 모두 300개라면 곤충은 몇 마리인가요?

식　$\boxed{} \div \boxed{} = \boxed{}$　　답　______

⑤ 초콜릿 120개를 한 명에게 3개씩 나누어 주려고 합니다. 몇 명에게 줄 수 있나요?

식 ____________________   답 ____________________

⑥ 강아지 인형 270개를 한 상자에 9개씩 담았습니다. 강아지 인형을 담은 상자는 몇 개인가요?

식 ____________________   답 ____________________

⑦ 셔츠 한 장을 만드는 데 단추가 8개 필요합니다. 단추 560개로는 셔츠를 몇 장 만들 수 있나요?

식 ____________________   답 ____________________

⑧ 색종이가 420장 있습니다. 카네이션을 한 송이 만드는 데 색종이가 7장 필요하다면, 카네이션은 몇 송이 만들 수 있나요?

식 ____________________

답 ____________________

(몇십)÷(몇), (몇백 몇십)÷(몇)

⭐ **몇 배인지 나눗셈의 몫 구하기**

① 알사탕은 90개 있고, 막대 사탕은 3개 있습니다. 알사탕의 수는 막대 사탕의 수의 몇 배인가요?

식   90 ÷ 3 = 30   답   30배

② 할머니의 나이는 70살이고, 내 동생의 나이는 7살입니다. 할머니의 나이는 내 동생의 나이의 몇 배인가요?

식   ☐ ÷ ☐ = ☐   답

③ 연필은 300자루 있고, 필통은 5개 있습니다. 연필의 수는 필통의 수의 몇 배인가요?

식   ☐ ÷ ☐ = ☐   답

④ 퍼즐 조각은 100개 있고, 퍼즐 판은 2개 있습니다. 퍼즐 조각의 수는 퍼즐 판의 수의 몇 배인가요?

식   ☐ ÷ ☐ = ☐   답

⑤ 오토바이의 무게는 120 kg이고, 자전거의 무게는 6 kg입니다. 오토바이의 무게는 자전거의 무게의 몇 배인가요?

→ kg은 킬로그램이라고 읽습니다.

식 ________________   답 ________________

⑥ 여객선에는 승객 200명이 탈 수 있고, 보트에는 승객 4명이 탈 수 있습니다. 여객선에 탈 수 있는 승객 수는 보트에 탈 수 있는 승객 수의 몇 배인가요?

식 ________________

답 ________________

⑦ 유치원에 있는 어린이는 180명이고, 선생님은 9명입니다. 유치원에 있는 어린이의 수는 선생님의 수의 몇 배인가요?

식 ________________   답 ________________

⑧ 남산의 높이는 약 240 m이고, 우리 집의 높이는 약 8 m입니다. 남산의 높이는 우리 집의 높이의 약 몇 배인가요?

식   240 ÷ 8 = 30   답   약 30배

058 단계 (두 자리 수)÷(한 자리 수) ①

★ **똑같이 나누는 나눗셈의 몫 구하기 ①**

① 복숭아 24개를 2상자에 똑같이 나누어 담으려고 합니다. 한 상자에 몇 개씩 담으면 되나요?

식   24 ÷ 2 = 12   답   12개

② 가위 55개를 5모둠이 똑같이 나누어 쓰려고 합니다. 한 모둠이 가위를 몇 개씩 쓸 수 있나요?

식   ☐ ÷ ☐ = ☐   답

③ 게시판에 그림 39장을 3줄로 똑같이 나누어 전시하려고 합니다. 한 줄에 그림을 몇 장씩 전시하면 되나요?

식   답

④ 정사각형의 네 변의 길이의 합은 88 cm입니다. 이 정사각형의 한 변의 길이는 몇 cm인가요?

식   답

⑤ 풍선 45개를 3명의 학생에게 똑같이 나누어 주려고 합니다. 한 명에게 몇 개씩 주면 되나요?

식   45 ÷ 3 = 15   답   15개

⑥ 체육 수행 평가인 뜀틀 넘기를 하기 위해 학생 78명이 6줄로 서 있습니다. 한 줄에는 몇 명씩 서 있나요?

식   ☐ ÷ ☐ = ☐

답

⑦ 5일 동안 같은 횟수만큼 운동장을 돌아서 모두 60바퀴를 돌았습니다. 하루에 운동장을 몇 바퀴씩 돌았나요?

식   답

⑧ 영어 단어 84개를 일주일 동안 매일 똑같은 개수만큼 외우려고 합니다. 하루에 영어 단어를 몇 개씩 외우면 되나요?

식   답

(두 자리 수)÷(한 자리 수) ①

★ **똑같이 나누는 나눗셈의 몫 구하기 ②**

① 토마토 66개를 한 명에게 3개씩 나누어 준다면 몇 명에게 줄 수 있나요?

식   66 ÷ 3 = 22   답   22명

② 77명의 학생들이 운동장에 모여 있습니다. 한 줄에 7명씩 서면 몇 줄이 되나요?

식   ☐ ÷ ☐ = ☐   답

③ 백합이 26송이 있습니다. 꽃병 한 개에 2송이씩 꽂으려면 꽃병은 몇 개가 필요한가요?

식   답

④ 하은이네 반 가족은 자동차를 타고 여행을 가려고 합니다. 하은이네 반 가족이 모두 48명일 때 한 대에 4명씩 타면 자동차는 몇 대 필요한가요?

식   답

⑤ 쌓기나무 84개를 한 명당 6개씩 나누어 주려고 합니다. 몇 명에게 나누어 줄 수 있나요?

식   $84 \div 6 = 14$ 답  14명

⑥ 도화지 한 장으로 종이비행기 2개를 만들 수 있습니다. 종이비행기 54개를 만들려면 도화지 몇 장이 필요한가요?

식   ☐ ÷ ☐ = ☐   답

⑦ 태희는 구슬을 한 줄에 8개씩 꿰려고 합니다. 구슬이 96개이면 태희는 구슬을 몇 줄 꿰어야 하나요?

식 

답 

⑧ 농구 한 팀에 선수가 5명씩 있습니다. 농구 선수가 모두 75명이면 농구 팀은 몇 팀인가요?

식   답 

(두 자리 수)÷(한 자리 수) ①

★ 몇 배인지 나눗셈의 몫 구하기

① 딱풀은 44개 있고, 물풀은 4개 있습니다. 딱풀의 수는 물풀의 수의 몇 배인가요?

식 $44 \div 4 = 11$ 답 11배

② 쿠키는 28개 있고, 초콜릿은 2개 있습니다. 쿠키의 수는 초콜릿의 수의 몇 배인가요?

식 $\boxed{} \div \boxed{} = \boxed{}$ 답

③ 축구를 좋아하는 학생은 88명이고, 배구를 좋아하는 학생은 8명입니다. 축구를 좋아하는 학생 수는 배구를 좋아하는 학생 수의 몇 배인가요?

식   답

④ 우리 동네에서 높이가 가장 높은 건물은 36 m이고, 가장 낮은 건물은 3 m입니다. 가장 높은 건물의 높이는 가장 낮은 건물의 높이의 몇 배인가요?

식   답

| 날짜 | 월 | 일 | 시간 | 분 | 초 | 오답수 | / 8 |

⑤ 땅콩은 91개 있고, 호두는 7개 있습니다. 땅콩의 수는 호두의 수의 몇 배인가요?

식   91 ÷ 7 = 13   답   13배

⑥ 두발자전거는 56대 있고, 세발자전거는 4대 있습니다. 두발자전거의 수는 세발자전거의 수의 몇 배인가요?

식   ☐ ÷ ☐ = ☐   답

⑦ 나는 구슬을 72개 가지고 있고, 내 동생은 6개 가지고 있습니다. 내가 가지고 있는 구슬 수는 동생이 가지고 있는 구슬 수의 몇 배인가요?

식   답

⑧ 소는 하루에 75 kg의 먹이를 먹었고, 염소는 3 kg의 먹이를 먹었습니다. 소가 하루에 먹은 먹이의 양은 염소가 하루에 먹은 먹이의 양의 몇 배인가요?

식

답

● 059 단계 (두 자리 수)÷(한 자리 수) ②

 나머지 구하기

① 당근 25개를 2봉지에 똑같이 나누어 담으면 남는 당근은 몇 개인가요?

식 $25 \div 2 = 12 \cdots 1$ 답 1개

② 의자 92개를 한 줄에 9개씩 놓으면 남는 의자는 몇 개인가요?

식 $\boxed{} \div \boxed{} = \boxed{} \cdots \boxed{}$ 답

③ 튤립 63송이를 꽃병 5개에 똑같게 나누어 꽂으면 남는 꽃은 몇 송이인가요?

식 $\boxed{} \div \boxed{} = \boxed{} \cdots \boxed{}$ 답

④ 운동복 81벌을 한 팀에 6벌씩 나누어 주면 남는 운동복은 몇 벌인가요?

식 $\boxed{} \div \boxed{} = \boxed{} \cdots \boxed{}$ 답

⑤ 은혁이네 반 학생은 32명입니다. 봉사 활동을 하기 위해 3명씩 모둠을 만들면 남는 학생은 몇 명인가요?

식 $32 \div 3 = 10 \cdots 2$ 답   2명

⑥ 붕어빵 71개를 4개씩 포장하고 남은 것은 주희가 먹었습니다. 주희가 먹은 붕어빵은 몇 개인가요?

식

답

⑦ 연필 85자루를 연필꽂이 8개에 똑같이 나누어 꽂고, 남은 것은 책상 서랍에 넣었습니다. 책상 서랍에 넣은 연필은 몇 자루인가요?

식   답

⑧ 도화지 90장을 7사람에게 똑같이 나누어 주고, 남은 것은 주연이가 가졌습니다. 주연이가 가진 도화지는 몇 장인가요?

식   답

● 059 단계 (두 자리 수)÷(한 자리 수) ②

★ 몫 구하기

① 우표 89장을 8명에게 똑같이 나누어 주려고 합니다. 몇 장씩 나누어 줄 수 있나요?

식 89 ÷ 8 = 11 … 1   답 11장

② 딱지 53장을 한 명에게 2장씩 나누어 주려고 합니다. 몇 명에게 나누어 줄 수 있나요?

식 ☐ ÷ ☐ = ☐ … ☐   답 ______

③ 색 테이프 7 cm로 종이 고리를 한 개 만들 수 있습니다. 색 테이프 75 cm로 종이 고리를 몇 개까지 만들 수 있나요?

식 ☐ ÷ ☐ = ☐ … ☐   답 ______

④ 학교 행사에서 풍선 68개를 준비했습니다. 풍선을 5개 반에 똑같이 나누어 주면 한 반에 풍선을 몇 개씩 줄 수 있나요?

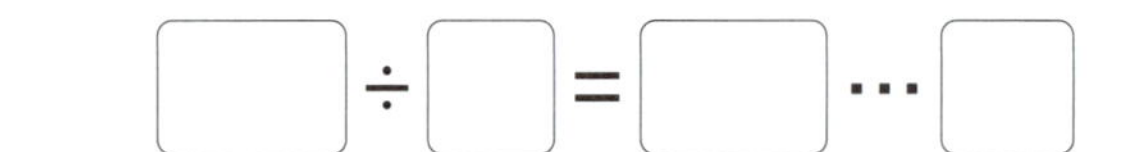

식 ☐ ÷ ☐ = ☐ … ☐   답 ______

⑤ 봉지에 복숭아 95개를 모두 담으려고 합니다. 한 봉지에 9개씩 담을 수 있다면 봉지는 적어도 몇 개가 필요한가요?

식 $95 \div 9 = 10 \cdots 5$ 답   11개

남은 5개도 담아야 하므로
몫보다 1개 더 필요해요.

⑥ 곰 인형 76개를 한 상자에 6개씩 담으려고 합니다. 곰 인형을 남김없이 모두 담으려면 상자는 적어도 몇 상자가 필요한가요?

식

답

⑦ 영수는 59장으로 되어 있는 학습지를 매일 3장씩 공부합니다. 학습지를 모두 공부하려면 며칠이 걸리나요?

식   답

⑧ 시우는 엄마의 47번째 생신에 종이 장미 47송이를 접어 엄마께 선물하려고 합니다. 하루에 종이 장미를 4송이씩 접는다면 모두 접는 데 며칠이 걸리나요?

식   답

059 단계 (두 자리 수)÷(한 자리 수) ②

⭐ **몫과 나머지 구하기**

① 동물 카드 85장을 8명이 똑같이 나누어 가지려고 합니다. 한 명이 몇 장씩 가질 수 있고, 몇 장이 남나요?

식 $85 ÷ 8 = 10 \cdots 5$ 답 10장 , 5장

② 식빵 43조각을 한 명에게 3조각씩 나누어 주려고 합니다. 몇 명에게 나누어 줄 수 있고, 몇 조각이 남나요?

식 $\square ÷ \square = \square \cdots \square$ 답 ______ , ______

③ 야구장에서 응원 막대 75개를 한 명에게 2개씩 나누어 주려고 합니다. 몇 명에게 나누어 줄 수 있고, 몇 개가 남나요?

식 $\square ÷ \square = \square \cdots \square$ 답 ______ , ______

⑤ 곶감 98개를 6상자에 똑같이 나누어 담으려고 합니다. 한 상자에 몇 개씩 담을 수 있고, 몇 개가 남나요?

식 $\square ÷ \square = \square \cdots \square$ 답 ______ , ______

⑤ 세윤이는 밤을 96개 땄습니다. 이 밤을 9명이 똑같이 나누어 가지면 몇 개씩 가질 수 있고, 남는 밤은 몇 개인가요?

식 $96 \div 9 = 10 \cdots 6$

답   10개 ,   6개

⑥ 사진 62장을 사진첩 한 쪽에 5장씩 나누어 붙이려고 합니다. 사진을 몇 쪽까지 붙일 수 있고, 남는 사진은 몇 장인가요?

식

답   ____________ , ____________

⑦ 87일은 몇 주일이며, 나머지는 며칠인가요?

식

답   ____________ , ____________

⑧ 선물 상자 한 개를 포장하는 데 색 테이프 4 m가 필요합니다. 색 테이프 79 m로는 같은 크기의 선물 상자를 몇 개까지 포장할 수 있고, 몇 m가 남나요?

식

답   ____________ , ____________

(두 자리 수)÷(한 자리 수) ③

★ 나머지 구하기

① 건전지 93개를 한 상자에 9개씩 넣으면 남는 건전지는 몇 개인가요?

식 ____________________   답 ____________________

② 강아지 간식 78개를 7마리에게 똑같이 나누어 주면 남는 간식은 몇 개인가요?

식 ____________________   답 ____________________

③ 찹쌀떡 37개를 2봉지에 똑같이 나누어 담으면 남는 찹쌀떡은 몇 개인가요?

식 ____________________   답 ____________________

④ 물병 59개를 한 테이블에 4개씩 놓으면 남는 물병은 몇 개인가요?

식 ____________________   답 ____________________

⑤ 가게에서 샌드위치 38개를 3개씩 포장하여 팔려고 합니다. 포장하고 남은 샌드위치는 몇 개인 가요?

식 _______________________  답 _______________

⑥ 미소는 막대 사탕 69개를 한 명당 6개씩 나누어 주고, 남은 것은 동생에게 주었습니다. 동생에 게 준 막대 사탕은 몇 개인가요?

식 _______________________  답 _______________

⑦ 냉장고 자석 74개를 5모둠에게 똑같이 나누어 주고, 남은 것은 우리 집 냉장고에 붙였습니다. 우리 집 냉장고에 붙인 자석은 몇 개인가요?

식 _______________________  답 _______________

⑧ 가게에서 모자 99개를 8개의 진열대에 똑같이 나누어 진열하고, 남은 모자는 마네킹의 머리에 씌웠습니다. 마네킹의 머리에 씌운 모자는 몇 개인가요?

식 _______________________

답 _______________

(두 자리 수)÷(한 자리 수) ③

⭐ 몫 구하기

① 물총 68개를 한 명에게 3개씩 나누어 주려고 합니다. 몇 명에게 나누어 줄 수 있나요?

식 ________________________   답 ________________________

② 옥수수 94개를 9명에게 똑같이 나누어 주려고 합니다. 몇 개씩 나누어 줄 수 있나요?

식 ________________________   답 ________________________

③ 빵집에서 컵케이크 70개를 한 봉지에 4개씩 포장하려고 합니다. 몇 봉지를 만들 수 있나요?

식 ________________________   답 ________________________

④ 붙임딱지 55장을 공책 2권에 똑같이 나누어 붙이려고 합니다. 공책 한 권에 붙일 수 있는 붙임딱지는 몇 장인가요?

식 ________________________   답 ________________________

⑤ 농구공 79개를 한 상자에 7개씩 담으려고 합니다. 농구공을 남김없이 모두 담으려면 상자는 적어도 몇 상자가 필요한가요?

식 _______________________   답 _______________________

⑥ 1쪽부터 시작하여 한 쪽에 8문제씩 연번으로 되어 있는 문제집이 있습니다. 84번 문제는 몇 쪽에 나와 있나요?

식 _______________________

답 _______________________

⑦ 윤아네 학교 3학년 학생들은 93명입니다. 이 학생들이 한 개에 6명씩 앉을 수 있는 긴 의자에 모두 앉으려면 긴 의자는 적어도 몇 개 필요한가요?

식 _______________________   답 _______________________

⑧ 88쪽짜리 소설책을 하루에 5쪽씩 읽으려고 합니다. 소설책을 남김없이 모두 읽으려면 적어도 며칠이 필요한가요?

식 _______________________   답 _______________________

(두 자리 수)÷(한 자리 수) ③

★ **몫과 나머지 구하기**

① 팽이 63개를 5명이 똑같이 나누어 가지려고 합니다. 한 명이 몇 개씩 가질 수 있고, 몇 개가 남나요?

식 ＿＿＿＿＿＿＿＿＿＿＿＿＿＿＿＿＿＿＿＿　　답 ＿＿＿＿＿＿ , ＿＿＿＿＿＿

② 오이 97개를 봉지 9개에 똑같이 나누어 담으려고 합니다. 한 봉지에 몇 개씩 담을 수 있고, 몇 개가 남나요?

식 ＿＿＿＿＿＿＿＿＿＿＿＿＿＿＿＿＿＿＿＿　　답 ＿＿＿＿＿＿ , ＿＿＿＿＿＿

③ 훌라후프 52개를 한 모둠에게 3개씩 나누어 주려고 합니다. 몇 모둠에게 줄 수 있고, 몇 개가 남나요?

식 ＿＿＿＿＿＿＿＿＿＿＿＿＿＿＿＿＿＿＿＿　　답 ＿＿＿＿＿＿ , ＿＿＿＿＿＿

④ 목걸이 80개를 보석함 한 개에 6개씩 넣으려고 합니다. 보석함은 몇 개가 필요하고, 남는 목걸이는 몇 개인가요?

식 ＿＿＿＿＿＿＿＿＿＿＿＿＿＿＿＿＿＿＿＿　　답 ＿＿＿＿＿＿ , ＿＿＿＿＿＿

⑤ 우산 47개를 우산꽂이 2개에 똑같이 나누어 넣으려고 합니다. 우산꽂이 한 개에 몇 개씩 넣을 수 있고, 남는 우산은 몇 개인가요?

식

답

_____________ , _____________

⑥ 한별이는 75개의 단팥빵을 한 상자에 4개씩 포장하고 남은 것은 먹으려고 합니다. 몇 상자를 포장할 수 있고, 몇 개를 먹을 수 있나요?

식

답

_____________ , _____________

⑦ 색 테이프 98 cm를 길이가 8 cm인 도막으로 나누려고 합니다. 몇 도막으로 나눌 수 있고, 색 테이프는 몇 cm가 남나요?

식

답

_____________ , _____________

⑧ 연진이의 동생은 태어난 지 81일이 되었습니다. 연진이의 동생은 태어난 지 몇 주일 며칠이 되었나요?

식

답

종료테스트

15문항 | 표준완성시간 10~13분

① 참외 20개를 한 봉지에 4개씩 담으려고 합니다. 봉지는 몇 개가 필요한가요?

빨셈식 ____________________

나눗셈식 ____________________ 답 ____________________

② 도넛 32개를 8명이 똑같이 나누어 먹었습니다. 한 명이 먹은 도넛은 몇 개인가요?

나눗셈식 ____________________ 곱셈식 ____________________

답 ____________________

③ 유찬이는 한 묶음에 3송이씩 묶여 있는 백합을 18송이 샀습니다. 유찬이가 산 백합은 몇 묶음인가요?

식 ____________________ 답 ____________________

④ 공책 47권을 한 명에게 5권씩 주려고 합니다. 공책을 몇 명에게 나누어 줄 수 있고, 몇 권이 남나요?

식 ____________________ 답 ____________, ____________

⑤ 군밤이 한 봉지에 30개씩 3봉지가 있습니다. 군밤은 모두 몇 개인가요?

식 ____________________ 답 ____________________

⑥ 동생이 배운 한자는 27개이고, 내가 배운 한자 수는 동생이 배운 한자 수의 2배입니다. 내가 배운 한자는 몇 개인가요?

식 _______________________   답 _______________________

⑦ 빨대가 한 봉지에 132개씩 들어 있습니다. 4봉지에 들어 있는 빨대는 모두 몇 개인가요?

식 _______________________   답 _______________________

⑧ 수하는 책을 사려고 하루에 750원씩 8일 동안 모았습니다. 수하가 모은 돈은 얼마인가요?

식 _______________________   답 _______________________

⑨ 재영이네 반 학생은 26명입니다. 한 사람에게 색종이를 30장씩 나누어 주려면 색종이는 모두 몇 장이 필요한가요?

식 _______________________   답 _______________________

⑩ 정원에 깡통으로 만든 로봇을 한 줄에 35개씩 47줄로 전시하였습니다. 정원에 전시한 로봇은 모두 몇 개인가요?

식 _______________________   답 _______________________

⑪ 어느 어린이 도서관의 책장 하나에 책이 152권씩 꽂혀 있습니다. 책장 23개에 꽂혀 있는 책은 모두 몇 권인가요?

식 ____________________ 답 ____________________

⑫ 장난감 한 개를 만드는 데 비용이 960원이 든다고 합니다. 이 장난감 54개를 만드는 데 드는 비용은 모두 얼마인가요?

식 ____________________ 답 ____________________

⑬ 정사각형 모양의 화단이 있습니다. 화단의 네 변의 길이이 합이 280 cm라면 한 변의 길이는 몇 cm인가요?

식 ____________________ 답 ____________________

⑭ 메뚜기 한 마리의 다리는 6개입니다. 메뚜기의 다리가 78개일 때 메뚜기는 몇 마리인가요?

식 ____________________ 답 ____________________

⑮ 물티슈 87개를 7개의 가방에 똑같이 나누어 넣으려고 합니다. 가방 한 개에 몇 개씩 들어가고, 남는 물티슈는 몇 개인가요?

식 ____________________ 답 ____________, ____________

평가 기준

평가	매우 잘함	잘함	좀 더 노력
오답 수	0~2	3~5	6 이상

오답 수가 6 이상일 때는
이 교재를 한번 더 공부하세요.

연산 문장제 핵심 공략
사고력·서술형 완벽 대비

기초탄탄 최고 효과 계산법 문장제편 3 정답

권장 학년
초등 3학년

G 기탄출판

10~11쪽 1일차

① 식 8÷2=4   답 4
② 식 10÷2=5   답 5
③ 식 12÷4=3   답 3
④ 식 15÷3=5   답 5

⑤ 식 6÷3=2   답 2개
⑥ 식 20÷4=5   답 5개
⑦ 식 18÷6=3   답 3개
⑧ 식 14÷7=2   답 2개

12~13쪽 2일차

① 식 6-2-2-2=0, 6÷2=3
   답 3번
② 식 12-3-3-3-3=0, 12÷3=4
   답 4번
③ 식 30-6-6-6-6-6=0, 30÷6=5
   답 5번
④ 식 24-4-4-4-4-4-4=0, 24÷4=6
   답 6번

⑤ 식 28-7-7-7-7=0, 28÷7=4
   답 4개
⑥ 식 27-9-9-9=0, 27÷9=3
   답 3명
⑦ 식 25-5-5-5-5-5=0, 25÷5=5
   답 5모둠
⑧ 식 48-8-8-8-8-8-8=0, 48÷8=6
   답 6일

14~15쪽 3일차

① 식 21÷7=3   답 3개
② 식 18÷3=6   답 6마리
③ 식 24÷6=4   답 4개
④ 식 32÷4=8   답 8개
⑤ 식 14-2-2-2-2-2-2-2=0, 14÷2=7
   답 7명

⑥ 식 40-8-8-8-8-8=0, 40÷8=5
   답 5상자
⑦ 식 30-5-5-5-5-5-5=0, 30÷5=6
   답 6명
⑧ 식 36-9-9-9-9=0, 36÷9=4
   답 4접시

지도 포인트

041단계에서는 나눗셈식으로 나타내는 문장제 문제를 학습합니다. 똑같이 나누는 활동, 묶어 세는 활동을 통해 나눗셈을 이해하고 나눗셈식으로 나타낼 수 있도록 합니다.

곱셈과 나눗셈의 관계

16~17쪽 1일차

① 식 10÷5=2　답 2개
② 식 10÷2=5　답 5명
③ 식 24÷4=6　답 6개
④ 식 24÷6=4　답 4봉지
⑤ 식 12÷4=3　답 3개
⑥ 식 12÷3=4　답 4명
⑦ 식 35÷5=7　답 7통
⑧ 식 35÷7=5　답 5상자

18~19쪽 2일차

① 식 35÷5=7, 5×7=35　답 7자루
② 식 40÷8=5, 8×5=40　답 5송이
③ 식 28÷4=7, 4×7=28　답 7개
④ 식 42÷7=6, 7×6=42　답 6개
⑤ 식 18÷2=9, 2×9=18　답 9그루
⑥ 식 30÷6=5, 6×5=30　답 5개
⑦ 식 24÷3=8, 3×8=24　답 8개
⑧ 식 27÷9=3, 9×3=27　답 3개

20~21쪽 3일차

① 식 42÷6=7, 6×7=42　답 7명
② 식 25÷5=5, 5×5=25　답 5모둠
③ 식 48÷8=6, 8×6=48　답 6봉지
④ 식 16÷2=8, 2×8=16　답 8개
⑤ 식 32÷4=8, 4×8=32　답 8줄
⑥ 식 45÷9=5, 9×5=45　답 5명
⑦ 식 21÷3=7, 3×7=21　답 7개
⑧ 식 49÷7=7, 7×7=49　답 7개

지도 포인트

042단계에서는 곱셈과 나눗셈의 관계를 이해하는 문장제 문제를 학습합니다. 한 가지 상황을 곱셈식과 나눗셈식으로 나타내는 활동을 통하여 곱셈과 나눗셈의 관계를 이해하고, 나눗셈의 몫을 곱셈식을 이용하여 구할 수 있도록 합니다.

곱셈구구 범위에서의 나눗셈 ①

043 단계

22~23쪽 1일차

① 식 24÷8=3	답 3개	⑤ 식 14÷2=7	답 7장
② 식 24÷6=4	답 4권	⑥ 식 35÷7=5	답 5개
③ 식 16÷4=4	답 4개	⑦ 식 40÷5=8	답 8권
④ 식 27÷3=9	답 9개	⑧ 식 63÷9=7	답 7개

24~25쪽 2일차

① 식 28÷7=4	답 4상자	⑤ 식 12÷4=3	답 3명
② 식 64÷8=8	답 8개	⑥ 식 72÷9=8	답 8명
③ 식 12÷2=6	답 6명	⑦ 식 18÷3=6	답 6개
④ 식 30÷5=6	답 6개	⑧ 식 36÷6=6	답 6개

26~27쪽 3일차

① 식 48÷6=8	답 8배	⑤ 식 10÷2=5	답 5배
② 식 15÷3=5	답 5배	⑥ 식 45÷5=9	답 9배
③ 식 21÷7=3	답 3배	⑦ 식 20÷4=5	답 5배
④ 식 36÷9=4	답 4배	⑧ 식 32÷8=4	답 4배

지도 포인트

043단계에서는 나눗셈의 몫을 곱셈구구를 이용하여 해결하는 문장제 문제를 학습합니다. 나눗셈식에서 나누는 수를 보고 몇의 단 곱셈구구를 이용해야 하는지 알아내어 그 곱셈으로 나눗셈의 몫을 구할 수 있노록 합니다.

같은 수를 여러 번 빼기 ②

28~29쪽 1일차

① 식 7-2-2-2=1, 7÷2=3…1 답 1
② 식 16-7-7=2, 16÷7=2…2 답 2
③ 식 35-8-8-8-8=3, 35÷8=4…3 답 3
④ 식 21-4-4-4-4-4=1, 21÷4=5…1 답 1
⑤ 식 17-5-5-5=2, 17÷5=3…2 답 2개
⑥ 식 19-9-9=1, 19÷9=2…1 답 1장
⑦ 식 14-3-3-3-3=2, 14÷3=4…2 답 2개
⑧ 식 33-6-6-6-6-6=3, 33÷6=5…3 답 3개

30~31쪽 2일차

① 식 25-6-6-6-6=1, 25÷6=4…1
  답 4번
② 식 11-3-3-3=2, 11÷3=3…2 답 3번
③ 식 27-4-4-4-4-4-4=3, 27÷4=6…3
  답 6
④ 식 42-8-8-8-8-8=2, 42÷8=5…2
  답 5
⑤ 식 15-2-2-2-2-2-2-2=1, 15÷2=7…1
  답 7쪽
⑥ 식 24-7-7-7=3, 24÷7=3…3 답 3사람
⑦ 식 32-5-5-5-5-5-5=2, 32÷5=6…2
  답 6명
⑧ 식 37-9-9-9-9=1, 37÷9=4…1
  답 4봉지

32~33쪽 3일차

① 식 22-5-5-5-5=2, 22÷5=4…2
  답 4묶음, 2
② 식 13-2-2-2-2-2-2=1, 13÷2=6…1
  답 6묶음, 1
③ 식 38-7-7-7-7-7=3, 38÷7=5…3
  답 5, 3
④ 식 29-9-9-9=2, 29÷9=3…2
  답 3, 2
⑤ 식 17-3-3-3-3-3=2, 17÷3=5…2
  답 5명, 2개
⑥ 식 21-6-6-6=3, 21÷6=3…3
  답 3상자, 3개
⑦ 식 49-8-8-8-8-8-8=1, 49÷8=6…1
  답 6팩, 1개
⑧ 식 19-4-4-4-4=3, 19÷4=4…3
  답 4명, 3개

지도 포인트

044단계에서는 나머지가 있는 나눗셈을 뺄셈식을 이용하여 나눗셈식으로 나타내는 학습을 합니다. 뺄셈식과 나눗셈식의 관계를 통하여 몫과 나머지의 의미를 이해하도록 합니다.

045 단계 곱셈구구 범위에서의 나눗셈 ②

34~35쪽 1일차

①	식	22÷4=5…2	답	2개	⑤	식	25÷3=8…1	답	1송이
②	식	17÷2=8…1	답	1개	⑥	식	38÷5=7…3	답	3명
③	식	50÷8=6…2	답	2개	⑦	식	49÷9=5…4	답	4자루
④	식	45÷7=6…3	답	3개	⑧	식	57÷6=9…3	답	3개

36~37쪽 2일차

①	식	45÷6=7…3	답	7개	⑤	식	42÷5=8…2	답	8명
②	식	34÷4=8…2	답	8사람	⑥	식	60÷9=6…6	답	6개
③	식	76÷8=9…4	답	9상자	⑦	식	15÷2=7…1	답	7개
④	식	23÷3=7…2	답	7개	⑧	식	39÷7=5…4	답	5개

38~39쪽 3일차

①	식	28÷5=5…3	답	5개, 3개	⑤	식	45÷8=5…5	답	5도막, 5 cm
②	식	65÷9=7…2	답	7명, 2장	⑥	식	29÷3=9…2	답	9개, 2개
③	식	11÷2=5…1	답	5개, 1개	⑦	식	27÷4=6…3	답	6개, 3개
④	식	34÷7=4…6	답	4명, 6개	⑧	식	52÷6=8…4	답	8묶음, 4송이

지도 포인트

045단계에서는 곱셈구구 범위에서 나머지가 있는 (두 자리 수)÷(한 자리 수)의 문장제 문제를 학습합니다. 다양한 나눗셈 상황에서 나머지를 이해하고 나머지가 있는 나눗셈을 할 수 있도록 합니다.

곱셈구구 범위에서의 나눗셈 ③

40~41쪽　1일차

① 식 19÷2=9…1　답 1개
② 식 33÷5=6…3　답 3권
③ 식 22÷7=3…1　답 1대
④ 식 38÷9=4…2　답 2마리
⑤ 식 65÷8=8…1　답 1개
⑥ 식 38÷6=6…2　답 2명
⑦ 식 31÷4=7…3　답 3개
⑧ 식 17÷3=5…2　답 2조각

42~43쪽　2일차

① 식 48÷5=9…3　답 9명
② 식 50÷7=7…1　답 7봉지
③ 식 20÷3=6…2　답 6명
④ 식 61÷8=7…5　답 7자루
⑤ 식 76÷9=8…4　답 8개
⑥ 식 32÷6=5…2　답 5장
⑦ 식 13÷2=6…1　답 6개
⑧ 식 39÷4=9…3　답 9개

44~45쪽　3일차

① 식 9÷2=4…1　답 4조각, 1조각
② 식 46÷6=7…4　답 7상자, 4개
③ 식 57÷9=6…3　답 6모둠, 3개
④ 식 38÷4=9…2　답 9개, 2개
⑤ 식 33÷5=6…3　답 6일, 3 mL
⑥ 식 25÷3=8…1　답 8개, 1개
⑦ 식 46÷8=5…6　답 5장, 6장
⑧ 식 60÷7=8…4　답 8개, 4 cm

지도 포인트

046단계에서는 곱셈구구 범위에서 나머지가 있는 (두 자리 수)÷(한 자리 수)의 문장제 문제를 복습합니다. 문장을 잘 읽고 이해한 후 알맞은 나눗셈식을 세워 몫과 나머지를 구하도록 합니다.

(두 자리 수)×(한 자리 수) ①

46~47쪽 1일차

①	식 10×5=50	답 50포기	⑤	식 20×2=40	답 40개
②	식 12×4=48	답 48개	⑥	식 11×3=33	답 33개
③	식 30×2=60	답 60개	⑦	식 43×2=86	답 86쪽
④	식 22×3=66	답 66개	⑧	식 21×4=84	답 84번

48~49쪽 2일차

①	식 30×3=90	답 90개	⑤	식 23×2=46	답 46명
②	식 14×2=28	답 28대	⑥	식 10×7=70	답 70개
③	식 20×4=80	답 80마리	⑦	식 11×4=44	답 44개
④	식 32×3=96	답 96개	⑧	식 32×3=96	답 96자루

50~51쪽 3일차

①	식 11×5=55	답 55개	⑤	식 10×4=40	답 40살
②	식 13×3=39	답 39개	⑥	식 34×2=68	답 68 kg
③	식 24×2=48	답 48개	⑦	식 41×2=82	답 82명
④	식 22×4=88	답 88마리	⑧	식 20×3=60	답 60분

지도 포인트

047단계에서는 올림이 없는 (두 자리 수)×(한 자리 수)에 관한 문장제 문제를 학습합니다. '몇씩 몇 묶음', '몇의 몇 배'를 이해하고 곱셈식으로 나타내어 실생활의 문제를 해결합니다.

048 단계 (두 자리 수)×(한 자리 수) ②

52~53쪽 1일차

①	식 27×2=54	답 54자루	⑤	식 18×3=54	답 54개
②	식 30×4=120	답 120개	⑥	식 16×6=96	답 96명
③	식 15×3=45	답 45개	⑦	식 20×9=180	답 180개
④	식 40×5=200	답 200병	⑧	식 41×8=328	답 328개

54~55쪽 2일차

①	식 50×7=350	답 350개	⑤	식 2×35=70	답 70자루
②	식 29×3=87	답 87개	⑥	식 27×3=81	답 81명
③	식 15×6=90	답 90개	⑦	식 40×7=280	답 280번
④	식 42×4=168	답 168개	⑧	식 62×4=248	답 248개

56~57쪽 3일차

①	식 25×3=75	답 75개	⑤	식 28×2=56	답 56분
②	식 46×2=92	답 92개	⑥	식 15×5=75	답 75살
③	식 31×6=186	답 186송이	⑦	식 31×4=124	답 124마리
④	식 60×5=300	답 300권	⑧	식 72×3=216	답 216개

지도 포인트

048단계에서는 일의 자리 또는 십의 자리에서 올림이 있는 (두 자리 수)×(한 자리 수)에 관한 문장제 문제를 학습합니다. 올림이 있는 계산 원리와 형식을 이해하고, 다양한 문제 상황을 곱셈식으로 나타내어 해결합니다.

 # (두 자리 수)×(한 자리 수) ③

58~59쪽 1일차

① 식 48×6=288　　답 288개
② 식 75×4=300　　답 300개
③ 식 24×7=168　　답 168개
④ 식 32×8=256　　답 256명
⑤ 식 14×8=112　　답 112개
⑥ 식 58×4=232　　답 232개
⑦ 식 36×5=180　　답 180개
⑧ 식 62×6=372　　답 372명

60~61쪽 2일차

① 식 63×4=252　　답 252개
② 식 43×8=344　　답 344명
③ 식 34×5=170　　답 170권
④ 식 24×7=168　　답 168시간
⑤ 식 35×9=315　　답 315분
⑥ 식 54×3=162　　답 162개
⑦ 식 24×6=144　　답 144명
⑧ 식 92×7=644　　답 644대

62~63쪽 3일차

① 식 53×6=318　　답 318개
② 식 65×4=260　　답 260마리
③ 식 49×5=245　　답 245개
④ 식 37×3=111　　답 111개
⑤ 식 38×8=304　　답 304 kg
⑥ 식 86×3=258　　답 258개
⑦ 식 25×4=100　　답 100분
⑧ 식 73×5=365　　답 365개

지도 포인트

049단계에서는 올림이 2번 있는 (두 자리 수)×(한 자리 수)에 관한 문장제 문제를 학습합니다. 곱셈이 활용되는 다양한 상황을 이해하고 곱셈에 대한 유용성을 깨달을 수 있습니다.

64~65쪽 1일차

① 식 10×3=30　답 30개
② 식 19×2=38　답 38분
③ 식 31×5=155　답 155칸
④ 식 24×9=216　답 216개
⑤ 식 12×4=48　답 48장
⑥ 식 6×13=78　답 78송이
⑦ 식 35×7=245　답 245개
⑧ 식 64×8=512　답 512개

66~67쪽 2일차

① 식 17×3=51　답 51쪽
② 식 4×22=88　답 88개
③ 식 7×29=203　답 203일
④ 식 72×6=432　답 432개
⑤ 식 36×7=252　답 252분
⑥ 식 43×2=86　답 86장
⑦ 식 70×8=560　답 560 kg
⑧ 식 55×5=275　답 275개

68~69쪽 3일차

① 식 30×8=240　답 240개
② 식 29×6=174　답 174마리
③ 식 7×12=84　답 84 kg
④ 식 23×3=69　답 69장
⑤ 식 41×4=164　답 164그루
⑥ 식 26×2=52　답 52분
⑦ 식 8×27=216　답 216마리
⑧ 식 37×9=333　답 333명

지도 포인트

050단계에서는 (두 자리 수)×(한 자리 수)에 관한 문장제 문제를 복습합니다. 문제 상황을 식으로 간단히 나타내고 해결하는 과정에서 정보 처리 능력을 기를 수 있습니다.

(세 자리 수)×(한 자리 수) ①

70~71쪽 1일차

① 식 200×4=800   답 800원
② 식 305×2=610   답 610장
③ 식 130×5=650   답 650개
④ 식 400×8=3200   답 3200원
⑤ 식 312×2=624   답 624개
⑥ 식 124×4=496   답 496 cm
⑦ 식 251×3=753   답 753 m
⑧ 식 710×5=3550   답 3550개

72~73쪽 2일차

① 식 100×7=700   답 700장
② 식 230×4=920   답 920개
③ 식 136×2=272   답 272가구
④ 식 512×3=1536   답 1536 m
⑤ 식 150×6=900   답 900번
⑥ 식 432×3=1296   답 1296장
⑦ 식 341×2=682   답 682명
⑧ 식 206×4=824   답 824개

74~75쪽 3일차

① 식 104×5=520   답 520마리
② 식 210×4=840   답 840개
③ 식 352×2=704   답 704장
④ 식 431×3=1293   답 1293명
⑤ 식 312×3=936   답 936 m
⑥ 식 201×8=1608   답 1608마리
⑦ 식 427×2=854   답 854권
⑧ 식 162×4=648   답 648개

지도 포인트

051단계에서는 올림이 없거나 일, 십, 백의 자리에서 올림이 1번 있는 (세 자리 수)×(한 자리 수)에 관한 문장제 문제를 학습합니다. '몇씩 몇 묶음', '몇의 몇 배'를 이해하고 곱셈식으로 나타내어 실생활의 문제를 해결합니다.

76~77쪽 1일차

① 식 650×3=1950 답 1950원
② 식 304×6=1824 답 1824개
③ 식 135×5=675 답 675개
④ 식 286×4=1144 답 1144 cm
⑤ 식 850×4=3400 답 3400원
⑥ 식 264×5=1320 답 1320명
⑦ 식 186×2=372 답 372개
⑧ 식 415×3=1245 답 1245장

78~79쪽 2일차

① 식 135×4=540 답 540개
② 식 526×3=1578 답 1578개
③ 식 230×6=1380 답 1380번
④ 식 365×7=2555 답 2555일
⑤ 식 214×5=1070 답 1070원
⑥ 식 7×132=924 답 924권
⑦ 식 568×3=1704 답 1704 m
⑧ 식 370×3=1110 답 1110 km

80~81쪽 3일차

① 식 127×6=762 답 762자루
② 식 315×4=1260 답 1260개
③ 식 970×2=1940 답 1940원
④ 식 538×7=3766 답 3766명
⑤ 식 850×2=1700 답 약 1700 m
⑥ 식 138×9=1242 답 1242 kg
⑦ 식 296×3=888 답 888통
⑧ 식 705×5=3525 답 3525장

지도 포인트

052단계에서는 올림이 2번 또는 3번 있는 (세 자리 수)×(한 자리 수)에 관한 문장제 문제를 학습합니다. 올림이 있는 계산 원리와 형식을 이해하고, 다양한 문제 상황을 곱셈식으로 나타내어 해결합니다.

82~83쪽 1일차

①	식	20×10=200	답	200개	
②	식	12×20=240	답	240명	
③	식	15×41=615	답	615개	
④	식	24×19=456	답	456명	
⑤	식	90×10=900	답	900원	
⑥	식	30×24=720	답	720개	
⑦	식	27×12=324	답	324자루	
⑧	식	32×25=800	답	800개	

84~85쪽 2일차

①	식	40×20=800	답	800개	
②	식	24×30=720	답	720시간	
③	식	16×22=352	답	352개	
④	식	28×31=868	답	868명	
⑤	식	20×30=600	답	600개	
⑥	식	60×14=840	답	840 cm	
⑦	식	53×15=795	답	795번	
⑧	식	42×23=966	답	966 g	

86~87쪽 3일차

①	식	12×56=672	답	672개	
②	식	24×31=744	답	744시간	
③	식	28×20=560	답	560명	
④	식	27×35=945	답	945개	
⑤	식	50×14=700	답	700원	
⑥	식	42×13=546	답	546 kg	
⑦	식	19×26=494	답	494장	
⑧	식	25×38=950	답	950개	

지도 포인트

053단계에서는 곱이 세 자리 수인 (두 자리 수)×(두 자리 수)에 관한 문상세 문제를 학습합니다. 뒤에 0이 없는 수의 곱셈과 0이 있는 수의 곱셈 결과를 비교하고 규칙성을 이해합니다.

● 054 단계 (두 자리 수)×(두 자리 수) ②

88~89쪽 1일차

①	식	50×60=3000	답	3000원	⑤ 식 40×70=2800	답	2800장
②	식	77×30=2310	답	2310번	⑥ 식 90×24=2160	답	2160개
③	식	56×32=1792	답	1792 g	⑦ 식 38×52=1976	답	1976개
④	식	25×56=1400	답	1400장	⑧ 식 43×63=2709	답	2709개

90~91쪽 2일차

①	식	30×40=1200	답	1200개	⑤ 식 90×50=4500	답	4500원
②	식	46×50=2300	답	2300개	⑥ 식 20×61=1220	답	1220쪽
③	식	28×54=1512	답	1512마리	⑦ 식 45×27=1215	답	1215분
④	식	32×75=2400	답	2400 cm	⑧ 식 64×37=2368	답	2368개

92~93쪽 3일차

①	식	20×75=1500	답	1500개	⑤ 식 42×50=2100	답	2100대
②	식	60×60=3600	답	3600번	⑥ 식 90×60=5400	답	5400 m
③	식	28×76=2128	답	2128명	⑦ 식 72×39=2808	답	2808개
④	식	45×31=1395	답	1395분	⑧ 식 53×27=1431	답	1431개

지도 포인트

054단계에서는 곱이 네 자리 수인 (두 자리 수)×(두 자리 수)에 관한 문장제 문제를 학습합니다. 다양한 상황에서 곱셈을 이용하여 실생활 문제를 해결하는 상황을 떠올릴 수 있습니다.

94~95쪽 1일차

① 식 200×40=8000 답 8000개
② 식 30×187=5610 답 5610개
③ 식 320×16=5120 답 5120개
④ 식 235×20=4700 답 4700 g
⑤ 식 450×12=5400 답 5400원
⑥ 식 215×30=6450 답 6450회
⑦ 식 173×25=4325 답 4325 kg
⑧ 식 126×32=4032 답 4032개

96~97쪽 2일차

① 식 300×20=6000 답 6000개
② 식 60×135=8100 답 8100 g
③ 식 400×19=7600 답 7600개
④ 식 270×34=9180 답 9180 cm
⑤ 식 240×30=7200 답 7200 m
⑥ 식 120×24=2880 답 2880 km
⑦ 식 391×17=6647 답 6647개
⑧ 식 248×12=2976 답 2976명

98~99쪽 3일차

① 식 100×48=4800 답 4800개
② 식 126×30=3780 답 3780명
③ 식 492×12=5904 답 5904 L
④ 식 245×31=7595 답 7595 m
⑤ 식 20×360=7200 답 7200마리
⑥ 식 214×40=8560 답 8560개
⑦ 식 108×56=6048 답 6048 m
⑧ 식 25×365=9125 답 9125분

지도 포인트

055단계에서는 곱이 네 자리 수인 (세 자리 수)×(두 자리 수)에 관한 문장제 문제를 학습합니다. 실생활 문제 상황을 이해하여 식으로 간단하게 나타내고 해결하는 과정에서 복잡한 곱셈 과정을 단계적으로 이해하고, 문제 해결에 올바르게 적용합니다.

056단계 (세 자리 수)×(두 자리 수) ②

100~101쪽 1일차

① 식 200×70=14000 답 14000 mL
② 식 45×600=27000 답 27000개
③ 식 350×72=25200 답 25200권
④ 식 238×50=11900 답 11900개
⑤ 식 500×84=42000 답 42000원
⑥ 식 250×90=22500 답 22500번
⑦ 식 542×38=20596 답 20596개
⑧ 식 670×98=65660 답 65660원

102~103쪽 2일차

① 식 400×80=32000 답 32000개
② 식 270×60=16200 답 16200 g
③ 식 300×75=22500 답 22500개
④ 식 742×20=14840 답 14840개
⑤ 식 700×35=24500 답 24500원
⑥ 식 524×26=13624 답 13624개
⑦ 식 498×31=15438 답 15438 m
⑧ 식 253×74=18722 답 18722 cm

104~105쪽 3일차

① 식 350×80=28000 답 28000원
② 식 970×18=17460 답 17460 mL
③ 식 235×60=14100 답 14100개
④ 식 836×25=20900 답 20900 m
⑤ 식 410×37=15170 답 15170 g
⑥ 식 504×29=14616 답 14616 km
⑦ 식 735×30=22050 답 22050대
⑧ 식 625×24=15000 답 15000 kWh

지도 포인트

056단계에서는 곱이 다섯 자리 수인 (세 자리 수)×(두 자리 수)에 관한 문장제 문제를 학습합니다. 문제를 해결하는 데 활용할 수 있는 정보를 확인하고 선택하는 과정에서 주어진 정보를 수집, 분석, 활용하는 능력을 기를 수 있습니다.

057 단계 (몇십)÷(몇), (몇백 몇십)÷(몇)

106~107쪽 1일차

① 식 60÷3=20	답 20권	⑤ 식 180÷2=90	답 90개
② 식 40÷4=10	답 10송이	⑥ 식 210÷7=30	답 30개
③ 식 200÷5=40	답 40개	⑦ 식 420÷6=70	답 70개
④ 식 400÷8=50	답 50개	⑧ 식 540÷9=60	답 60장

108~109쪽 2일차

① 식 40÷2=20	답 20명	⑤ 식 120÷3=40	답 40명
② 식 50÷5=10	답 10상자	⑥ 식 270÷9=30	답 30개
③ 식 200÷4=50	답 50명	⑦ 식 560÷8=70	답 70장
④ 식 300÷6=50	답 50마리	⑧ 식 420÷7=60	답 60송이

110~111쪽 3일차

① 식 90÷3=30	답 30배	⑤ 식 120÷6=20	답 20배
② 식 70÷7=10	답 10배	⑥ 식 200÷4=50	답 50배
③ 식 300÷5=60	답 60배	⑦ 식 180÷9=20	답 20배
④ 식 100÷2=50	답 50배	⑧ 식 240÷8=30	답 약 30배

지도 포인트

057단계에서는 (몇십)÷(몇), (몇백 몇십)÷(몇)에 관한 문장제 문제를 학습합니다. 나누는 수가 같을 때 나뉠 수가 10배가 되면 그 몫도 10배가 된다는 것을 이해하면서 문제를 해결하도록 합니다.

(두 자리 수)÷(한 자리 수) ①

112~113쪽   1일차

①	식 24÷2=12	답 12개	⑤	식 45÷3=15	답 15개
②	식 55÷5=11	답 11개	⑥	식 78÷6=13	답 13명
③	식 39÷3=13	답 13장	⑦	식 60÷5=12	답 12바퀴
④	식 88÷4=22	답 22 cm	⑧	식 84÷7=12	답 12개

114~115쪽   2일차

①	식 66÷3=22	답 22명	⑤	식 84÷6=14	답 14명
②	식 77÷7=11	답 11줄	⑥	식 54÷2=27	답 27장
③	식 26÷2=13	답 13개	⑦	식 96÷8=12	답 12줄
④	식 48÷4=12	답 12대	⑧	식 75÷5=15	답 15팀

116~117쪽   3일차

①	식 44÷4=11	답 11배	⑤	식 91÷7=13	답 13배
②	식 28÷2=14	답 14배	⑥	식 56÷4=14	답 14배
③	식 88÷8=11	답 11배	⑦	식 72÷6=12	답 12배
④	식 36÷3=12	답 12배	⑧	식 75÷3=25	답 25배

지도 포인트

058단계에서는 나누어떨어지는 (두 자리 수)÷(한 자리 수)에 관한 문장제 문제를 학습합니다. 나눗셈을 할 때 나머지가 없는 상황을 이해하고, 나눗셈식을 세워 몫을 정확히 구할 수 있도록 합니다.

● 059 단계 (두 자리 수)÷(한 자리 수) ②

118~119쪽 1일차

①	식	25÷2=12 … 1	답	1개	⑤	식 32÷3=10 … 2	답 2명
②	식	92÷9=10 … 2	답	2개	⑥	식 71÷4=17 … 3	답 3개
③	식	63÷5=12 … 3	답	3송이	⑦	식 85÷8=10 … 5	답 5자루
④	식	81÷6=13 … 3	답	3벌	⑧	식 90÷7=12 … 6	답 6장

120~121쪽 2일차

①	식	89÷8=11 … 1	답	11장	⑤	식 95÷9=10 … 5	답 11개
②	식	53÷2=26 … 1	답	26명	⑥	식 76÷6=12 … 4	답 13상자
③	식	75÷7=10 … 5	답	10개	⑦	식 59÷3=19 … 2	답 20일
④	식	68÷5=13 … 3	답	13개	⑧	식 47÷4=11 … 3	답 12일

122~123쪽 3일차

①	식	85÷8=10 … 5	답	10장, 5장	⑤	식 96÷9=10 … 6	답 10개, 6개
②	식	43÷3=14 … 1	답	14명, 1조각	⑥	식 62÷5=12 … 2	답 12쪽, 2장
③	식	75÷2=37 … 1	답	37명, 1개	⑦	식 87÷7=12 … 3	답 12주일, 3일
④	식	98÷6=16 … 2	답	16개, 2개	⑧	식 79÷4=19 … 3	답 19개, 3 m

지도 포인트

059단계에서는 나머지가 있는 (두 자리 수)÷(한 자리 수)에 관한 문장제 문제를 학습합니다. 내림이 없고(있고) 나머지가 있는 계산 원리와 형식을 이해하고, 다양한 상황을 나눗셈식으로 나타내어 해결합니다.

124~125쪽 1일차

① 식 93÷9=10 … 3   답 3개
② 식 78÷7=11 … 1   답 1개
③ 식 37÷2=18 … 1   답 1개
④ 식 59÷4=14 … 3   답 3개
⑤ 식 38÷3=12 … 2   답 2개
⑥ 식 69÷6=11 … 3   답 3개
⑦ 식 74÷5=14 … 4   답 4개
⑧ 식 99÷8=12 … 3   답 3개

126~127쪽 2일차

① 식 68÷3=22 … 2   답 22명
② 식 94÷9=10 … 4   답 10개
③ 식 70÷4=17 … 2   답 17봉지
④ 식 55÷2=27 … 1   답 27장
⑤ 식 79÷7=11 … 2   답 12상자
⑥ 식 84÷8=10 … 4   답 11쪽
⑦ 식 93÷6=15 … 3   답 16개
⑧ 식 88÷5=17 … 3   답 18일

128~129쪽 3일차

① 식 63÷5=12 … 3   답 12개, 3개
② 식 97÷9=10 … 7   답 10개, 7개
③ 식 52÷3=17 … 1   답 17모둠, 1개
④ 식 80÷6=13 … 2   답 13개, 2개
⑤ 식 47÷2=23 … 1   답 23개, 1개
⑥ 식 75÷4=18 … 3   답 18상자, 3개
⑦ 식 98÷8=12 … 2   답 12도막, 2 cm
⑧ 식 81÷7=11 … 4   답 11주일 4일

130~132쪽 종료테스트

① 식 20-4-4-4-4-4=0, 20÷4=5
   답 5개
② 식 32÷8=4, 8×4=32   답 4개
③ 식 18÷3=6   답 6묶음
④ 식 47÷5=9 … 2   답 9명, 2권
⑤ 식 30×3=90   답 90개
⑥ 식 27×2=54   답 54개
⑦ 식 132×4=528   답 528개
⑧ 식 750×8=6000   답 6000원
⑨ 식 30×26=780   답 780장
⑩ 식 35×47=1645   답 1645개
⑪ 식 152×23=3496   답 3496권
⑫ 식 960×54=51840   답 51840원
⑬ 식 280÷4=70   답 70 cm
⑭ 식 78÷6=13   답 13마리
⑮ 식 87÷7=12 … 3   답 12개, 3개